全国生态环保优质农业投入品（植保产品）典范（第一卷）

农业农村部农产品质量安全中心 编

中国农业科学技术出版社

图书在版编目（CIP）数据

全国生态环保优质农业投入品（植保产品）典范. 第一卷 / 农业农村部农产品质量安全中心编. --北京：中国农业科学技术出版社，2022.11
ISBN 978-7-5116-6013-8

Ⅰ.①全⋯ Ⅱ.①农⋯ Ⅲ.①植保－质量管理－中国 Ⅳ.①S146

中国版本图书馆CIP数据核字（2022）第211796号

责任编辑　周　朋
责任校对　马广洋
责任印制　姜义伟　王思文

出 版 者	中国农业科学技术出版社
	北京市中关村南大街12号　　邮编：100081
电　　话	（010）82106631（编辑室）　　（010）82109702（发行部）
	（010）82109709（读者服务部）
网　　址	https://castp.caas.cn
经 销 者	各地新华书店
印 刷 者	北京捷迅佳彩印刷有限公司
开　　本	185 mm×260 mm　1/16
印　　张	6.75
字　　数	156千字
版　　次	2022年11月第1版　2022年11月第1次印刷
定　　价	128.00元

◆◆◆版权所有·侵权必究◆◆◆

《全国生态环保优质农业投入品（植保产品）典范（第一卷）》

编 委 会

总 主 编： 王为民

统 筹 主 编： 孔 巍　王 艳　袁广义　赵邦宏　欧阳喜辉
　　　　　　　范 蓓　马 帅　赵学平　傅建炜

技 术 主 编： 黄魁建　陆友龙　高 芳　成 昕　苑士涛
　　　　　　　李春天　路馨丹　谢 璇　黎 畅　王雁楠

副 主 编： 付 伟　李 玲　佟海姣　董 崭　黄 彪
　　　　　　王 芳　张 优

主要编写人员： 邵珊珊　官 帅　吴 倩　刘 慧、赵帅琪
　　　　　　　　陈云霞

以上排名不分先后

目 录

※※ 第一部分　生产试点单位 ※※

嘉禾源硕生态科技有限公司·· 2

天津市汉邦植物保护剂有限责任公司·· 4

河北威远生物化工有限公司·· 6

河北润物生物科技有限公司·· 8

沈阳科创化学品有限公司·· 10

吉林省领航农业科技有限公司··· 12

上海生农生化制品股份有限公司·· 14

江苏省农药研究所股份有限公司·· 16

常州金禾新能源科技有限公司··· 18

海利尔药业集团股份有限公司··· 20

山东海利尔化工有限公司·· 22

青岛奥迪斯生物科技有限公司··· 24

青岛凯源祥化工有限公司·· 26

山东辉瀚生物科技有限公司·· 28

山东省联合农药工业有限公司··· 30

京博农化科技有限公司··· 32

济南中科绿色生物工程有限公司·· 34

惠州市银农科技股份有限公司··· 36

陕西美邦药业集团股份有限公司·· 38

陕西汤普森生物科技有限公司··· 40

i

陕西亿田丰作物科技有限公司……………………………………………… 42

巴斯夫欧洲公司……………………………………………………………… 44

美国富美实公司……………………………………………………………… 46

瑞士先正达作物保护有限公司……………………………………………… 48

河北天发生物科技有限公司………………………………………………… 50

沈阳化工研究院（南通）化工科技发展有限公司………………………… 51

苏州富美实植物保护剂有限公司…………………………………………… 52

巴斯夫植物保护（江苏）有限公司………………………………………… 53

江苏龙灯化学有限公司……………………………………………………… 54

青岛瀚生生物科技股份有限公司…………………………………………… 55

青岛金尔农化研制开发有限公司…………………………………………… 56

山东碧奥生物科技有限公司………………………………………………… 57

山东康乔生物科技有限公司………………………………………………… 58

山东中禾化学有限公司……………………………………………………… 59

四川润尔科技有限公司……………………………………………………… 60

※※ 第二部分　应用试点单位 ※※

北京市广泰农场有限公司…………………………………………………… 62

北京慧田蔬菜种植专业合作社……………………………………………… 64

融通农业发展（北京）有限责任公司……………………………………… 66

北京颐景园种植专业合作社………………………………………………… 68

北京玉树种植专业合作社…………………………………………………… 70

北京正欣荣泰农业发展有限公司…………………………………………… 72

北京本忠盛达农业专业合作社……………………………………………… 74

北京海华文景农业科技有限公司…………………………………………… 76

北京南山农业生态园有限公司……………………………………………… 78

目 录

北京泰民同丰农业科技有限公司……………………………………… 80

北京亿亩地农业发展集团有限公司……………………………………… 82

平泉市党坝镇围场沟村土地股份合作社………………………………… 84

贵州民远华慧生态农业有限公司………………………………………… 86

北京泰华芦村种植专业合作社…………………………………………… 88

※※ 第三部分　业务技术依托机构 ※※

河北农业大学……………………………………………………………… 90

浙江德恒检测科技有限公司……………………………………………… 92

江苏恒生检测有限公司…………………………………………………… 94

中国农药工业协会………………………………………………………… 96

山东省农业科学院农业质量标准与检测技术研究所…………………… 97

绿城农科检测技术有限公司……………………………………………… 98

福建省农业科学院农业质量标准与检测技术研究所…………………… 99

iii

第一部分

生产试点单位

嘉禾源硕生态科技有限公司

一、单位概况

嘉禾源硕生态科技有限公司成立于 2013 年，以绿色、科技、创新为发展方向，聚焦国际生态节能技术研究和产品推广应用，为生态农业基地提供熊蜂授粉技术、生物防治技术、果园生草控草技术等各种绿色、高效的生防产品应用及技术服务。公司与欧洲知名生物防治公司合作，建立了生物防治技术创新与生态技术应用融合的科创平台，拥有技术人才云集的创新工作室，2021 年被评为北京市知识产权示范试点单位。在学习中成长，在成长中创新，嘉禾源硕公司已发展成为国内从事生态农业领域生物防治技术研究和应用服务的国家高新技术企业。

二、纳入典范产品特征介绍

典范产品1：授粉熊蜂

蜜蜂一直被公认为是大田农作物和园艺作物的授粉昆虫。而 20 世纪 80 年代末期以来，人们逐渐发现熊蜂在多数情况下比蜜蜂能更有效地进行授粉。目前，熊蜂已被广泛应用于保护地与栽培作物的授粉。熊蜂为温室蔬菜及果树授粉可以提高作物产量、改善果菜品质、降低畸形果菜的比率、解决化学药物授粉带来的污染等问题，因此成为温室蔬菜授粉的理想昆虫。利用熊蜂授粉是世界公认的绿色食品生产重要措施之一。熊蜂全身绒毛，携带花粉能力强；访花时通过振动翅膀辅助收集花粉，利于花粉的传播；6~8℃以上即可访花，环境适应力强，低温下出巢访花效率较高。经熊蜂授粉的果实果形周正，一级果品率高，种子饱满，汁液丰富，维生素含量高，果实风味浓郁。此外，使用熊蜂授粉还能减少作物灰霉病的发生。利用熊蜂为作物授粉既保护环境，又能为绿色食品生产保驾护航。

番茄熊蜂授粉

草莓熊蜂授粉

典范产品2：丽蚜小蜂

丽蚜小蜂是一种寄生蜂，被广泛应用于设施蔬菜害虫烟粉虱、白粉虱的生物防治。烟粉虱、白粉虱是世界性重要经济害虫。除直接刺吸植物汁液造成植株衰弱、干枯外，这两种害虫还能分泌蜜露，诱发煤污病。更重要的是，它们是传播病毒的重要媒介。据北京市植物保护站报道，2009年北京地区番茄黄化曲叶病毒（TYLCV）大暴发，发病棚占比达58.3%，一般病株率为8%～10%，严重的病株率为30%左右，少数发病率可超过90%。释放丽蚜小蜂对设施番茄害虫烟粉虱、白粉虱有明显的防治效果。本产品旨在为发展都市绿色农业、推动食品安全生产、保护生态环境提供支持。

叶片上看到的丽蚜小蜂

丽蚜小蜂

雌成虫体型微小（约长0.6毫米），头胸黑色，腹部黄色；雄性罕见，体呈黑色

典范产品3：加州新小绥螨

加州新小绥螨是一种捕食螨，在自然界中生活于木瓜、柑橘、草莓等多种植物上。它除了捕食叶螨、跗线螨、蓟马等小型节肢动物外，还可以取食花粉以度过食物匮乏期，即使在没有食物的情况下也能存活2周左右。加州新小绥螨能用于多种蔬菜、果树及园林作物的害螨防治，例如柑橘、玫瑰、草莓等，已知其可取食二斑叶螨、朱砂叶螨、截形叶螨、神泽氏叶螨、土耳其斯坦叶螨、苹果全爪螨、柑橘全爪螨、东方真叶螨、针叶小爪螨及各种跗线螨等害螨。加州新小绥螨可以捕食各个发育阶段的害螨，尤其喜欢捕食害螨的卵和若螨，是防治害螨的优良天敌。

释放加州新小绥螨

加州新小绥螨

联系人	楚虎山	联系电话	15699956978
传　真	010-67856463	电子邮箱	jiaheyuanshuo@jhys365.com
通信地址	北京市大兴区金苑路2号6层601室	网　址	www.fengboshi365.com

天津市汉邦植物保护剂有限责任公司

一、单位概况

  天津市汉邦植物保护剂有限责任公司目前厂区占地面积 26 000 多平方米，现有厂房、仓库、质检中心、剂型中心、办公室等建筑面积 8 000 多平方米。

  公司一直专注于农药制剂和肥料的研发、生产与销售，为防治病虫草害提供高效、低毒、安全的农药制剂产品及植保技术服务，形成集产品研发、生产、销售与农业技术服务于一体的产业链。产品涵盖杀虫剂、杀菌剂、杀螨剂、除草剂、植物生长调节剂、功能性叶面肥六大类 100 多个品种。

  公司是目前国内农药水基化环保制剂研发和生产技术领先的企业之一，每年环保水基化农药生产能力达到 10 000 吨以上。公司拥有注册商标 162 个，拥有自主知识产权专利 18 项。2021 年被评为全国农药行业制剂销售前五十强，是天津市农药行业协会副理事长单位，是西南大学植物保护学院教学科研实训基地，是石油和化工企业质量检验机构 B 级单位。

二、纳入典范产品特征介绍

典范产品 1：擅攻（50%氟啶胺悬浮剂）

登记作物：马铃薯（晚疫病）。

产品特点：

①具有治疗和铲除功能，触杀作用强，药后 1 天霉层干枯脱落，被列为"救灾性农药"。

②高效防治马铃薯晚疫病等多种真菌性病害。

③汉邦特色悬浮剂工艺，3 微米以下超细粒径，保护渗透性能更佳。

④多作用位点，在国内外多年使用，无抗性报道。

典范产品2：擅赢（18%氟啶·啶虫脒可分散油悬浮剂）

登记作物：黄瓜（蚜虫）。

产品特点：

①采用日本进口原药，纯度高杂质少，安全性和药效发挥更加稳定。

②油悬浮加工工艺，强化产品的展布和渗透性能，可显著提升对抗性蚜虫的防效。

③粒径超低，抗漂移和抗蒸发能力强，适合飞防、机车等机械化配套使用。

④触杀、胃毒、内吸性能好，药后1小时可快速停止蚜虫吸取汁液，长效保叶效果好。

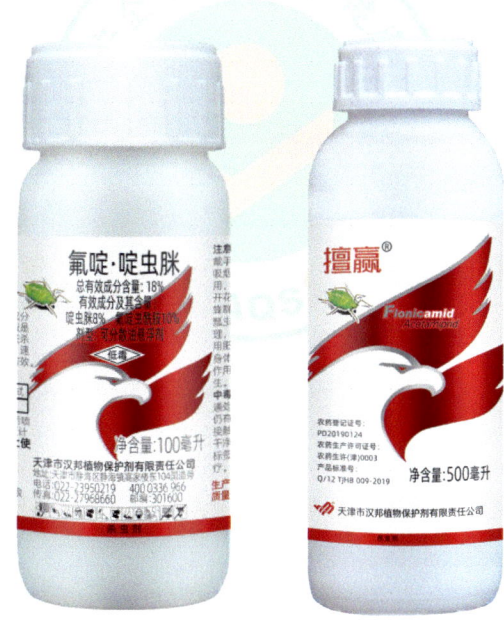

联系人	田家瑞	联系电话	18002081267
传　　真	022-27968660	电子邮箱	tjhbl@126.com
通信地址	天津市静海区高家楼东104国道旁天津汉邦	网　　址	www.tjhbzw.com

河北威远生物化工有限公司

一、单位概况

河北威远生物化工有限公司是集农药原料药及制剂研发、生产和销售于一体的现代化企业，是国家农药定点生产企业、国家高新技术企业，拥有国家企业技术研发中心，为多个国家级、省级协会会长、理事长单位。

公司有着近70年经营历史，产品涵盖杀虫、杀菌、除草三大系列400多个农药品规，主导产品有阿维菌素、甲维盐、草铵膦、嘧菌酯、吡蚜酮、呋虫胺等。

公司以"中国农药，威远品质"为目标，注重技术研发投入和产品质量，通过多个管理体系认证，实验室通过CNAS国家认证。

公司较早从事产品工业化开发；共参与编制16项农药产品标准制定，是嘧菌酯原药FAO国际标准发布单位，以及阿维菌素、甲维盐、草铵膦等国家行业标准起草单位；被农业农村部指定为阿维菌素、甲维盐标准品制备单位。

二、纳入典范产品特征介绍

典范产品1：威远锦腾（60%吡蚜·呋虫胺水分散粒剂）

本产品为一款防治刺吸式口器害虫的高效低毒产品，为呋虫胺和吡蚜酮的复配制剂。该产品的成功推广带动了呋虫胺品类在水稻稻飞虱防控上的开发推广应用，同时在蔬菜等经济作物上推广。从2018年至今，推广面积约3 500万亩次，挽救水稻作物损失100亿元，减少有机磷使用量3 500吨。

产品特点：

①工艺：中空造粒干悬浮剂技术，使用方便，作业效率高。
②技术：田间技术团队，通过配方筛选，筛选优异产品配方。
③安全：配方中有害助剂少，对作物、人、环境安全。

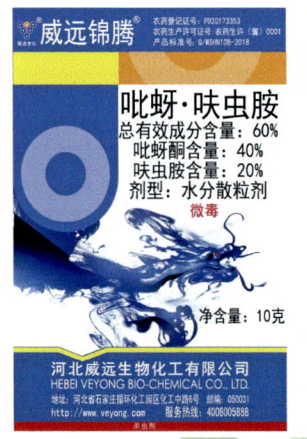
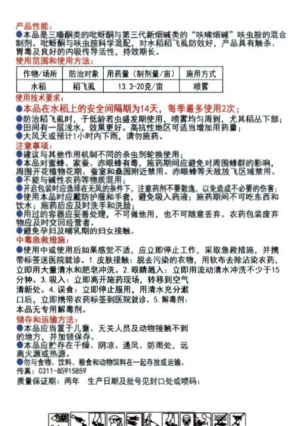

第一部分 生产试点单位

典范产品2：金蓝锐、威远锐奇（15%甲维·茚虫威悬浮剂）

本产品由甲维盐与茚虫威复配而成，甲维盐具有高效、低毒低残留、无公害等生物农药的特点；茚虫威对哺乳动物低毒，同时对环境中的非靶生物等有益昆虫非常安全，在作物中残留低，用药后第2天即可采收。尤其是对多次采收的作物，如蔬菜类，也很适合。

该产品经过多年应用推广，杀虫效果显著，且对环境友好，无污染、无残留，已经得到广大农户的广泛认可。

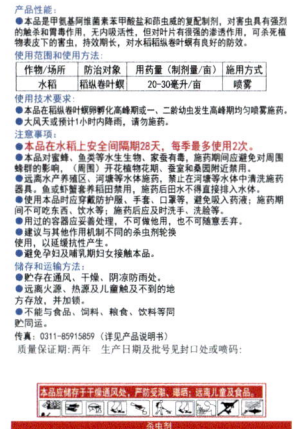

产品特点：

①甲维盐选用威远生化自产高含量、高品质原药，活性高、杂质少；茚虫威原药选用进口9:1精茚虫威原药。

②甲维盐与茚虫威配比为1:2，共毒系数高，杀虫温和高效。

③悬浮剂型，酯类植物油助剂，对人、畜及作物安全，对环境友好。

典范产品3：威远多彩（325克/升苯甲·嘧菌酯悬浮剂）

本产品是由200克/升嘧菌酯与125克/升苯醚甲环唑复配而成的悬浮剂，因其优异的田间表现，采用高含量原药，添加法国助剂，研磨4遍后形成悬浮率95%以上、粒径小于3微米的悬浮剂，适合飞防，符合市场需求；对小麦白粉病、水稻纹枯病、西瓜炭疽病等具有优异的预防和治疗效果；提质增产作用，促使小麦、水稻活秆成熟，促进灌浆，落黄好，对梨树、香蕉等果树有亮果的作用；在大棚喷雾，对眼睛、皮肤无刺激性。

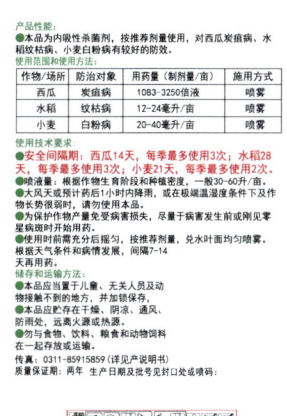

联系人	崔巧芳	联系电话	13932110888
传　真	0311-85915859	电子邮箱	cuiqiaofang@163.com
通信地址	河北省石家庄市和平东路383号	网　址	www.veyong.com

河北润物生物科技有限公司

一、单位概况

河北润物生物科技有限公司坐落在河北省沧州市经济开发区，是一家集物理防除植物病虫害所用制剂、设备的科研、生产、销售及农业技术推广服务于一体的综合性民营企业。产品种类丰富，涉及物理方法杀虫、杀菌、杀螨产品，以及植物生长调节剂、肥料、微生物肥料等产品。拥有现代化的生产和检验设备，如常规全自动液体灌装线、小规格全自动液体灌装线、新一代进口气相色谱仪（岛津）、液相色谱仪（岛津）等。公司自身的技术力量加之与农业院校及科研院所深度合作，可确保每批产品的质量可靠稳定。公司始终坚持"品质第一，绿色环保，服务三农"这一宗旨，不断开发高效、无毒、无残留的新品种。

公司本着以科技为先导、以质量为保证、以信誉求发展、以服务为宗旨的原则，继续不懈努力，为打造绿色农业贡献一份力量。

二、纳入典范产品特征介绍

典范产品1：多功能复合精油

本产品以精炼白蜡油为原料，进行加工提纯，去除掉里面的重金属杂质和对人身及环境有害物质，并加入植物源乳化剂，成为真正的绿色、无毒、无残留，对人、动物及植物均安全的物理防虫药剂。针对果园、蔬菜、花卉及大田中的蚜虫、螨、飞虱及介壳虫类害虫有较好的防治效果。真正做到了前打后死，前面喷药，后面即可采摘洗净食用的效果。

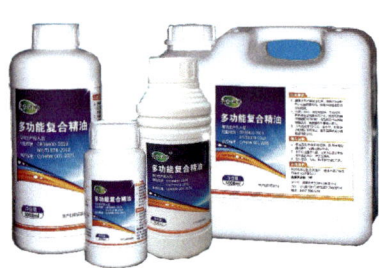

典范产品2：橘（桔）小实蝇诱捕器

橘小实蝇又名东方实蝇、果实蝇、黄苍蝇、果蛆，属双翅目实蝇科，是一种为害多种果树、蔬菜的害虫，为国内外检疫对象。被视为水果的"头号杀手"。

橘小实蝇诱捕器，其原理是利用诱芯对橘小实蝇雌雄成虫的引诱作用，将其引入诱捕器内，熏蒸致死。

适用范围：番石榴、阳桃、李、杧果、柚、柑橘、香蕉、枇杷、青枣、杏、西番莲、蒲桃、荔枝、番荔枝、番木瓜等水果，苦瓜、丝瓜、番茄等蔬菜也适用。

将诱捕器挂于树枝，最好挂于果园外侧和非结果树上，高度约1.5米。根据害虫发生情况，每亩果园可用5～10个。悬挂点尽量避免阳光直射，防止大风、大雨将诱捕器打落。诱捕器可多次重复使用，诱芯持效期45天以上。

典范产品3：诱虫灯

工作面积：平坦地无遮挡，半径为120米的范围。

工作原理：当夜幕降临时，控制系统在光控功能作用下启动诱虫灯工作。特殊频谱灯光将周围害虫吸引过来，导致其向高压电击网飞扑而遭电击死亡，5小时后害虫活动减少，益虫开始活动，灯光自动熄灭，这样既剿灭了害虫，又保护了害虫天敌。

适用范围：

①农作物：适用于水稻、玉米、小麦等粮食作物；花生、番茄、菜瓜、大豆等蔬菜瓜果；茶叶、烟草、花卉、棉花等经济作物；葡萄、黄瓜等架生植物；荔枝、杧果、青枣、草莓、红枣等果树及林木。

②其他：适用于全球各个地区，其中热带、亚热带地区更佳；适用于茶园、果园、水田、山地以及各类温室、大棚、花卉园等种植基地；适用于公园、庭院、别墅、高尔夫球场、社区草坪、城市绿化带等场所。

可诱杀的害虫种类：

①地下类害虫：金龟子、蝼蛄、地老虎。

②蔬菜类害虫：小菜蛾、菜螟、甜菜夜蛾、白粉虱、斜纹夜蛾。

③茶园类害虫：茶假眼小绿叶蝉、茶黑刺粉虱、茶黑毒蛾、小蓑蛾、大蓑蛾、茶蓑蛾、绿盲蝽。

④麦类害虫：黏虫、麦蛾。

⑤水稻类害虫：稻二化螟、稻三化螟、稻螟、稻纵卷叶螟、稻飞虱。

联系人	张臣	联系电话	13903177743
传　真	0317-3097378	电子邮箱	28496540@qq.com
通信地址	河北省沧州市经济开发区九河东路32号	网　址	www.hbrunwu.com

沈阳科创化学品有限公司

一、单位概况

沈阳科创化学品有限公司是江苏扬农化工股份有限公司控股子公司，先正达中国集团下属企业，公司注册资本4.9亿元，是国家高新技术企业，是国家最早一批核准定点的农药生产企业之一，位于辽宁省沈阳经济技术开发区细河九北街17号。

中化作物是扬农化工的全资子公司，是其旗下农药制剂分销平台，国内分销产品包括除草剂、杀虫杀螨剂、杀菌剂、种衣剂、植物营养系列、助剂及植物生长调节剂六大品类。目前在中国拥有扬农化工、南通科技和沈阳科创南北三大生产基地，具备扬农化工的原药优势和沈阳农研公司的研发支持。

二、纳入典范产品特征介绍

典范产品1：双工9080（10%四氯虫酰胺悬浮剂）

本产品是沈阳化工研究院以氯虫苯甲酰胺为先导创制的新型邻氨基苯甲酰胺类全新化合物，也是中国第一个拥有自主知识产权的作用于昆虫和鱼尼丁受体的双酰胺类内吸性杀虫剂，以胃毒为主，兼具触杀作用，有一定的杀卵活性，可用于防治稻纵卷叶螟、甘蓝甜菜夜蛾、玉米螟。

产品特点：

①速效性好，害虫接触后数分钟即停止取食。
②持效期长，对农作物保护可长达14天以上。
③杀虫谱广，对鳞翅目害虫效果优异。
④具有内吸传导活性，展着性和渗透性好，耐雨水冲刷。
⑤悬浮剂型，粒径细，适合传统器械和飞防施药。

典范产品2：爱可（20%烯肟·戊唑醇悬浮剂）

本产品是由10%烯肟菌胺与10%戊唑醇复配而成的内吸性杀菌剂，具有预防和治疗作用，可用于防治小麦锈病、水稻纹枯病、水稻稻瘟病、水稻稻曲病、黄瓜白粉病、花生叶斑病、柑橘疮痂病等多种作物的主要真菌病害。

产品特点：

①杀菌谱广，对多种作物真菌病害防效突出。
②调节氮元素的吸收，抗早衰、促进光合作用。
③促进钙元素的吸收，壮茎秆、抗倒伏、提高作物抗逆性。
④调节作物生长，增加干物质积累，使作物灌浆更充分，改善农产品品质，提高产量。

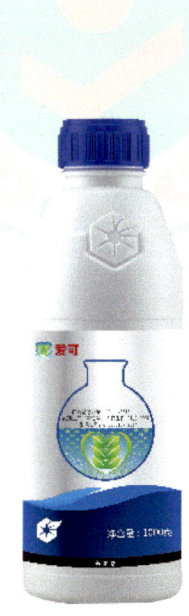

联系人	唐雅丽	联系电话	18616636169
传　　真	/	电子邮箱	tangyali@sinochem.com
通信地址	上海市浦东新区博城路567号4楼	网　　址	/

吉林省领航农业科技有限公司

一、单位概况

吉林省领航农业科技有限公司拥有优质的产品和专业的销售与技术团队，现已拥有多个种植户合作社和试点企业，组成产品化试验链条，形成了一定的规模，在周边区域应用植物清洗剂使当地特色农业产业得到蓬勃发展。在人参、蔬菜的种植管理上，严格按照国家GAP和SOP标准进行全过程管理，统一选苗、统一管理、统一采收、统一加工、统一销售，形成种、产、研、销一体化的产业结构，打造有机、天然、无公害的品牌农业。公司建立科研基地解决茶叶质量的问题，为茶叶蔬菜等定点植保生产单位。

二、纳入典范产品特征介绍

典范产品1：茶叶专用植保清洗剂

产品特点：

①对具有长期危害的害虫（螨）进行物理去除，如小绿叶蝉、螨类、蚜虫、黑刺粉虱和尺蠖类等，特别是对常年多次发生的各类蚜虫有特殊的治理作用和续航力。

②针对茶白星病、茶饼病、灰霉病等，采取喷洒措施，覆盖病毒表面，防止其扩散，用清洗剂中的活性物质消杀病毒。

③通过清洗叶片，为茶叶提供蛋白质和各种微量元素，促进茶叶生产，产生新叶，促进茶树根系生长。

④对茶叶无任何伤害，无任何残留。

适用于茶树，每周喷洒1～2次。

典范产品2：果蔬专用清洗剂

本产品含有天然活性物质和营养成分，对果蔬进行喷洒，可促进光合作用；对果蔬上的蚜虫、叶蝉、白粉虱等害虫进行消杀，对疫病及病毒进行封闭清除并防止扩散。本产品既有肥料的效果也有农药的效果，而且无毒无公害。

适用于水果及蔬菜。每周喷洒1～2次。

典范产品3：粮食类作物专用清洗剂

本产品以治理为主，以补充营养为辅助手段，激发农作物内在动力，解决病虫害问题。首先，用清洗剂喷洒农作物，清洗害虫及虫卵，喷洒形成的保护膜可杀死害虫，特别对小麦、玉米上的蚜虫、红蜘蛛有特效；其次，利用清洗剂含有的生物活性物质对病菌消杀、封闭；最后，利用清洗剂营养成分为农作物提供营养和微量元素，促进植物生长和光合作用，增强农作物抗病能力，增加作物细胞水分含量，促进新陈代谢，增施氮、磷、钾肥或有机肥，可促使植株逐渐恢复生长，达到增产提质的目的。

联系人	杜建国	联系电话	13843081976
传　　真	/	电子邮箱	952384710@qq.com
通信地址	吉林省长春市前进大街1244号	网　　址	/

全国生态环保优质农业投入品（植保产品）典范（第一卷）

上海生农生化制品股份有限公司

一、单位概况

上海生农生化制品股份有限公司主要从事农药、水溶肥料及精细化工品的开发、生产及销售，是高新技术企业、国家级专精特新"小巨人"企业，建有上海市院士专家工作站、区级企业技术中心。公司与华东理工大学合作开发具有独立知识产权的新烟碱类杀虫剂环氧虫啶，与跨国公司在杀虫剂、杀菌剂加工、分装建立长期合作关系，具有一流的生产基地，重视环保、管理规范。实施质量、环境、职业健康安全管理三体系，是中国农药行业 HSE 管理体系合规企业。公司拥有 11 个原药登记证、47 个农药制剂登记证、35 项授权发明专利，先后成功开发了吡丙醚、戊唑醇、氟环唑等农药新产品，可生产乳油、悬浮剂、水分散粒剂、可溶液剂、可湿性粉剂、水乳剂等 18 种农药剂型。

二、纳入典范产品特征介绍

典范产品1：承恩、施定益（10%吡丙·吡虫啉悬浮剂）

10% 吡丙·吡虫啉悬浮剂是一种具有触杀性、胃毒性和杀卵作用的杀灭有害节肢动物组合物的悬浮剂。是专利产品（专利号：ZL200510024189.9），以吡丙醚为主体，与不同于吡丙醚化学结构的杀虫剂吡虫啉组合制备，经剂型加工制得组合物制剂产品，用来处理有害节肢动物或其栖息地，达到虫卵皆杀的效果，施用较小剂量，就可有效控制虫口基数，从而降低农业生产成本，满足农业生产的需要。本产品主要用于防治刺吸式口器害虫，如粉虱、介壳虫、蓟马、飞虱、叶蝉及其抗性品系，作用迅速且安全性高，环境相容性好。

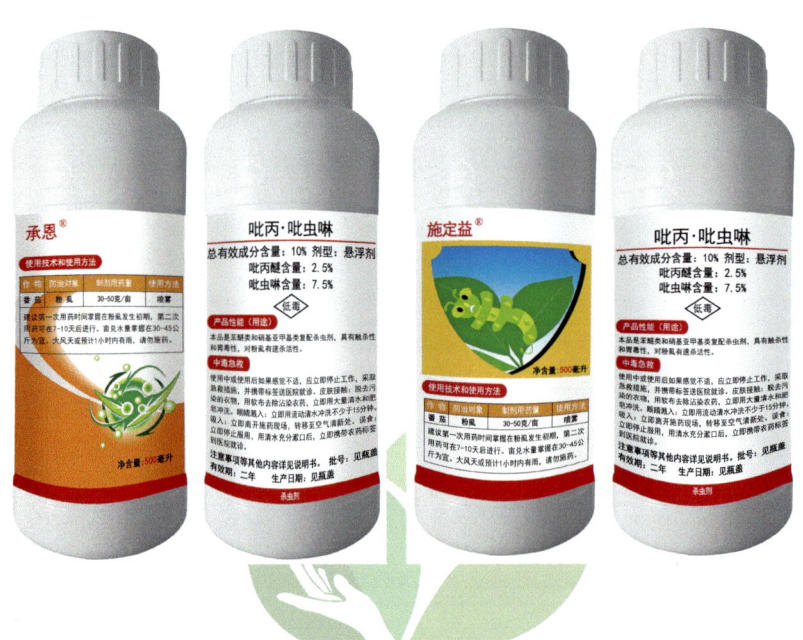

典范产品2：禾悠（30%肟菌·戊唑醇悬浮剂）

  肟菌酯是一种广谱杀菌剂，具有保护和特殊的治疗作用，戊唑醇是一种三唑类杀菌剂，是甾醇脱甲基化抑制剂，具有保护、治疗和铲除作用。30% 肟菌·戊唑醇悬浮剂为两者复配的组合物制剂，具有极强的渗透、层移及内吸传导性。对作物兼具保护和治疗病害的作用，杀菌广谱，可防治多种真菌性病害并增强农作物品质；持效期长，耐雨水冲刷，安全高效；具有保健作用，能够使叶片增绿不早衰，果面亮丽有光泽，果实增产有保障；壮植株，延长采收期。另外，30% 肟菌·戊唑醇悬浮剂型选用水基型环保剂型——悬浮剂，保证了产品的药效，降低了产品成本，同时对产品施用者安全，有利于生态环境保护。

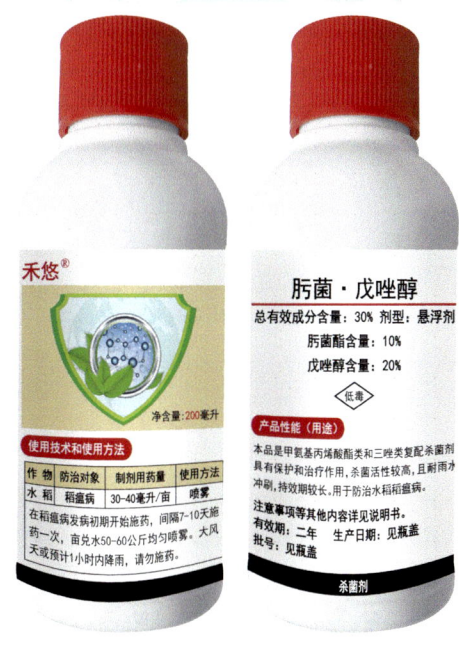

联系人	叶国文	联系电话	13870455306
传　真	021-54175551	电子邮箱	yeguowen@sn-pc.com
通信地址	上海市松江区莘砖公路668号双子楼A座801室	网　址	www.shengnong-pesticide.com.cn

江苏省农药研究所股份有限公司

一、单位概况

江苏省农药研究所成立于1966年，2003年改制成为股份有限公司，是国家南方农药创制中心江苏基地依托单位，建有江苏省新农药创制工程技术研究中心、江苏省企业技术中心、国家级博士后科研工作站，是中国成立最早的农药专业研究机构之一。江苏省农药研究所具有完整的研发、创新体系，先后完成100余项研究课题，包括40余项国家农药科技攻关项目和省级研究项目，获得了国家级、省部级奖励数十项，成果转让覆盖全国农药主要生产省市，取得了显著的社会效益，在中国农药行业中享有盛誉。

氰烯菌酯是江苏省农药研究所创制的、国际上唯一的肌球蛋白抑制剂，享有13项发明专利；先后获得国家科学技术进步奖二等奖2项、教育部科技进步奖一等奖1项、中国农药工业协会技术创新奖一等奖1项、中国石油和化学工业协会技术发明奖二等奖1项，其研发水平处于国际领先水平。

二、纳入典范产品特征介绍

典范产品1：亮地、劲护（25%氰烯菌酯悬浮剂）

本产品用于防治小麦赤霉病、水稻恶苗病等病害。氰烯菌酯原药采用以苯甲腈和氰乙酸乙酯为起始原材料的清洁工艺，该工艺只需两步，三废少，主要的辅助原料均完成资源化循环利用。制剂选用悬浮剂，不含有机溶剂，对环境友好，安全环保。氰烯菌酯高效、微毒、广谱、低残留、对环境友好。在小麦、水稻上的使用易降解，残留低，对农产品质量无负面影响。2018—2020年，氰烯菌酯应用3 721.2万亩次，使用本产品减少田间多菌灵原药使用量1 581.51吨。氰烯菌酯具有独特的作用机理，与现有药剂无交互抗性，具有治疗作用，降低病害的发生，有利于农作物健康；同时可以降低赤霉病产生的90%赤霉毒素，提升农产品品质，确保了食品安全。

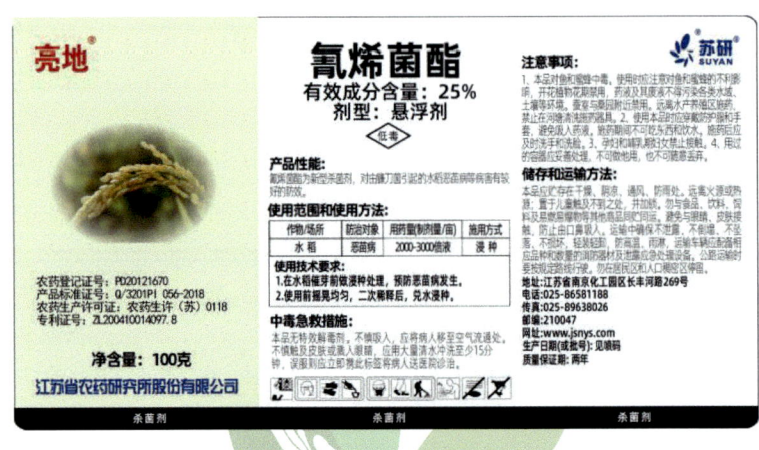

典范产品2：劲兴（480克/升氰烯·戊唑醇悬浮剂）

本产品用于防治小麦赤霉病、白粉病、锈病。氰烯菌酯原药采用以苯甲腈和氰乙酸乙酯为起始原材料的清洁工艺，该工艺只需两步，三废少，主要的辅助原料均完成资源化循环利用。制剂选用悬浮剂，不含有机溶剂，对环境友好，安全环保。在小麦上的使用易降解，残留低，对农产品质量无负面影响。480克/升氰烯菌酯·戊唑醇悬浮剂以50毫升/亩施药2遍防治小麦赤霉病，相较于使用80%多菌灵可湿性粉剂100克/亩，可减少使用农药有效成分56克/亩；2018—2020年，氰烯菌酯应用面积3 721.2万亩次，使用本产品减少田间多菌灵原药使用量2 083.3吨。将氰烯菌酯和戊唑醇复配，可扩大杀菌谱，没有交互抗性，具有保护和治疗作用，降低病害的发生，有利于农作物健康；同时可以降低赤霉病产生的90%赤霉毒素，提升农产品品质，确保了食品安全。

联系人	张楠楠	联系电话	18852714292
传　　真	025-86581188	电子邮箱	329248011@qq.com
通信地址	江苏省南京市栖霞区恒竞路31-1号	网　　址	www.jsnys.com

常州金禾新能源科技有限公司

一、单位概况

常州金禾新能源科技有限公司成立于2015年，坐落在著名数学家华罗庚的故乡——金坛。公司专注农林绿色防控产品和智慧农业物联网系统的研发、生产和销售，是国家高新技术企业。

公司建有企业工程技术研究中心，与中国农业科学院植物保护研究所、中国计量大学、南京农业大学、扬州大学、江苏省林业科学院和中国水稻研究所等科研院所达成战略合作伙伴关系，申请国家发明专利8项、实用新型专利20多项、软件著作权5项。

公司现已通过ISO 9001：2015质量管理体系认证、ISO 14001：2015环境管理体系认证、ISO 45001：2018职业健康安全管理体系认证，2019年获选《中国植保导刊》绿色植保战略合作企业和全国农业技术推广中心绿色防控产品联合推广单位。

二、纳入典范产品特征介绍

典范产品1：电击式杀虫灯

利用害虫对特殊波段光的趋光特性，以窄波LED天敌友好型诱虫光源为核心，诱虫光源采用四面发光360°无死角的方式发出不同波长的精准诱虫光波，靶向性高效引诱害虫扑灯，电网灭杀，益虫误引率低。

整灯智能控制系统除了含有光控、雨（湿）控、时控等功能外，新增温控（夜间温度低于5℃自动停止工作，夜间温度上升到10℃以上时自动恢复工作）和倾倒保护功能（产品田间使用过程中发生倾倒，系统自动停止工作，直立后自动恢复工作），使用便捷、安全、稳定性高。

整灯电路保护系统含短路、过载、反接、过放电和过充电保护功能。

采用不同高压、不同网间距内外双层迷航式电网，击杀不同个体大小的害虫，做到大小通杀，害虫杀灭率高。

使用绝缘陶瓷、碳化塑料等新材料作为灯体关键部件材料，防止灯体因高压放电引燃虫块后导致的自燃问题。

典范产品2：风吸式杀虫灯

利用害虫对特殊波段光的趋光特性，以窄波 LED 天敌友好型诱虫光源为核心，诱虫光源采用四面发光 360° 无死角的方式发出不同波长的精准诱虫光波，靶向性高效引诱害虫扑灯，益虫误引率低。

整灯智能控制系统除了含有光控、雨（湿）控、时控等功能外，新增温控和倾倒保护功能，使用便捷、安全、稳定性高。

整灯电路保护系统含短路、过载、反接、过放电和过充电保护功能。

采用螺旋式强劲风机，通过风机旋转产生的负压将昆虫吸入捕虫袋；同时增设互成 120° 的夹角玻璃撞击屏，害虫飞扑撞击撞击屏后落入捕虫袋；风吸杀和撞击杀两种杀虫手段的结合能高效杀灭不同个体大小的害虫，做到大小通杀，害虫杀灭率高。

产品采用全金属结构，经过磷化或镀锌及喷塑处理，结构牢固，整套产品造型美观，能充分确保产品使用的安全性和稳定性。

典范产品3：风电复合式杀虫灯

风电复合式杀虫灯是将电击式杀虫灯与风吸式杀虫灯科学融合于一体的太阳能杀虫灯。

诱虫光源将所有具有趋光性的昆虫都诱集到杀虫灯周围后，杀虫灯利用高压电网诱杀具有坚硬外骨骼的、体积较大的、飞行能力较强的害虫，利用风机旋转产生的负压诱杀飞行能力相对较弱的、体积较小的害虫，从而达到全方位杀灭诱集过来的害虫的目的。

杀虫灯还辅助液晶显示屏（显示整灯各部件的工作状态）与红外感应等现代化技术，一方面保护靠近杀虫灯的人或物的安全；另一方面，当杀虫灯出现故障后，维护人员可以通过分析液晶显示屏的数据，直观判断灯具出现故障的原因，有效解决产品的售后服务等问题。

联系人	凌和平	联系电话	18018280999
传　　真	0519-82368800	电子邮箱	czjhxny@163.com
通信地址	江苏省常州市金坛区峨嵋新村1080号、1086号	网　　址	www.jinhexny.com

海利尔药业集团股份有限公司

一、单位概况

海利尔药业集团股份有限公司始创于1999年，属国家定点农药生产企业，主要从事环境友好型农药的研发、生产与销售。集团现有员工2 216人，2019年销售额近25亿元，2017年1月12日在上交所主板A股上市，股票代码：603639。海利尔药业集团股份有限公司所属行业为化学原料和化学制品制造业；从事的细分领域为其他杀虫剂（杀螨剂）原药和化学农药制剂。从1999年创建之日起，海利尔集团便秉承"专注作物科学，服务世界农业"的使命，做精、做专农化产品。2003年之前主要从事农药制剂生产与销售，2003年开始，公司先后开发了吡虫啉、啶虫脒等新烟碱类原药产品，至今集团在城阳城东工业园、莱西水集沽河工业园、莱西姜山工业园、潍坊滨海绿色化工产业园建有4个大型生产基地，农药原药产能1.5万吨/年，制剂产能2.5万吨/年。

二、纳入典范产品特征介绍

典范产品1：极润（50%吡唑醚菌酯水分散粒剂）

本产品属于甲氧基丙烯酸酯类杀菌剂，通过抑制病菌能量合成杀死病菌，对多数真菌类病害均有防效，能够提升作物产量、提高作物品质。极润选用97%以上含量的原药加工而成，杂质少，对作物更安全。采用独特的水分散粒剂制剂加工工艺，入水3秒速溶。耐雨水冲刷，药效更持久。极润高效、低毒、安全，已获得了广泛的认可与好评，并具有广阔的发展和应用前景，对防治农业病害、保障粮食安全有着重要的作用。

典范产品2：龙破斩（9%甲维盐·茚虫威悬浮剂）

本产品质量符合国家标准，生态、环保，不污染环境，不破坏生态，不危及人体健康与人身财产安全，高效、低毒、低残留。产品上市6年多来，深受农户以及种植者的喜爱。

产品特点：

①采用高品质、高活性欧盟标准级原药，最佳配比用量，效果优异。

②药液均匀展着在叶片上，兼具水油性，可快速渗透昆虫体壁。

③与辛硫磷、高效氯氰菊酯、氟虫腈、溴虫腈和灭多威等产品均无交互抗性。

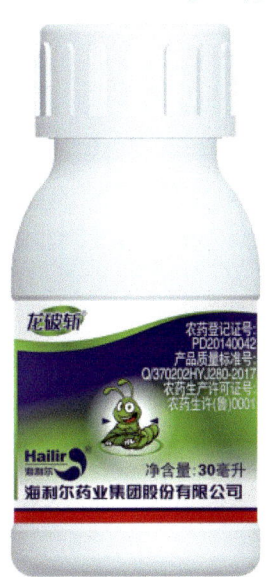

联系人	/	联系电话	/
传　真	/	电子邮箱	/
通信地址	/	网　址	/

山东海利尔化工有限公司

一、单位概况

山东海利尔化工有限公司坐落于潍坊滨海经济技术开发区绿色化工园,成立于2007年12月17日,注册资金5166万元,占地面300余亩。公司现有员工650多人,其中科技人员72名,占现有员工的比例13.09%,2017年公司被重新认定为国家高新技术企业。公司秉承以人为本的企业理念,成功凝聚了一批农化界的精英,在人员结构上按照优势互补、专业间互补的原则,达到各种专业之间的结构合理互补;层次间互补,要达到高级、中级、初级技术人员的比例合理;不同年龄的区间互补,要达到老科技专家与中青年科技人员人数比例合适,以体力、智力、创造力最为旺盛的中青年科技人员为主。

二、纳入典范产品特征介绍

典范产品1:名兴(2%辛菌胺醋酸盐·四霉素水剂)

本产品是四霉素和辛菌胺最优组合复配制剂,渗透快,对各种细菌,真菌有效,同时含有生物刺激素类的营养组分,能诱导植物自身产生抗病性;可快速治愈受损部位,促进伤口愈合;施药后在植物的茎、叶、果面形成保护膜,阻止病菌再次侵入。本产品杀菌谱广,对半知、担子、鞭毛、子囊等四个亚门类真菌、细菌、病毒的杀灭率均在98%以上,具有极好的预防、治疗、铲除效果,长期使用不产生抗性,混配性强,可喷施、飞防、冲施,使用方便,对蜜蜂安全,对环境安全。对霜霉病、叶霉病、白粉病、灰霉病等有霉层的病害,去霉效果好,速度快。

第一部分　生产试点单位

典范产品2：山农腾胜（30%噻虫嗪悬浮剂）

本产品是一款可喷、可冲、可灌的全能杀小虫类产品，选用自产高纯原药，采用纳米水悬技术，使得药液入水后快速溶解，更细更容易被植物吸收。本产品在土壤处理中应用，使苗期冲施处理对蚜虫、飞虱、粉虱高效，使培育幼苗从"普通苗"变成"抗虫苗"。本产品兼治斑潜蝇，持效期达到30天以上，同时显著减少病毒病的发生，对提高作物抗逆性、促进根系发达和茎秆粗壮具有明显效果，对作物安全。同时性价比高，使农户用得起，对作物管得久，省时、省工、省钱。

联系人	史淑倩	联系电话	18865325060
传　真	0532-58659122	电子邮箱	2460294031@qq.com
通信地址	山东省青岛市城阳区国城路216号	网　址	/

23

青岛奥迪斯生物科技有限公司

一、单位概况

青岛奥迪斯生物科技有限公司成立于2001年，位于莱西市昌阳工业园，注册资金5 016万元，现有人员210人，国家农药定点生产企业，现有农药登记产品170余个，主要从事各类新农药的研制、开发、生产与销售。是国家高新技术企业、青岛市创新型（试点）企业。主要产品有水分散粒剂、水乳剂、悬浮剂等环境友好型农药制剂产品100多个，年生产能力2.5万吨。其中"真彩牌"430克/升戊唑醇悬浮剂被《中国植保导刊》评定为"2012年度我信赖的绿色防控品牌产品"及"山东省10大农药名牌产品"。公司连续多年被中国农业银行评定为AAA级信用等级单位。除西藏外，大陆各地已遍布奥迪斯的销售网点，优势网络、高效物流另加公司的优质服务，使得产品在最短时间内走进千家万户，真正做到服务于农。经过多年的市场认证，奥迪斯产品已经成为农民心目中的名牌产品。

二、纳入典范产品特征介绍

典范产品1：社喜（75%肟菌酯·戊唑醇水分散粒剂）

本产品由甲氧基丙烯酸酯类杀菌剂肟菌酯和三唑类杀菌剂戊唑醇复配而成，具有内吸、治疗、铲除、保护、调节植物生长等多重作用方式，对大部分高等真菌引起的病害具有很好的防治效果。尤其对水稻纹枯病、稻曲病、马铃薯早疫病、香蕉黑星病、黄瓜白粉病等效果更突出。本产品由德国进口肟菌酯原药加工制成，活性高，安全性好，药效稳定。采用奥迪斯独家水分散造粒工艺加工，全水溶载体填充，能做到入水7秒速溶，无沉淀，可飞防使用。自2016年上市以来，一经推出便获得全国大范围种植户的信赖，2017年、2018年、2019年连续3年获评"中国农民最喜爱的品牌"。

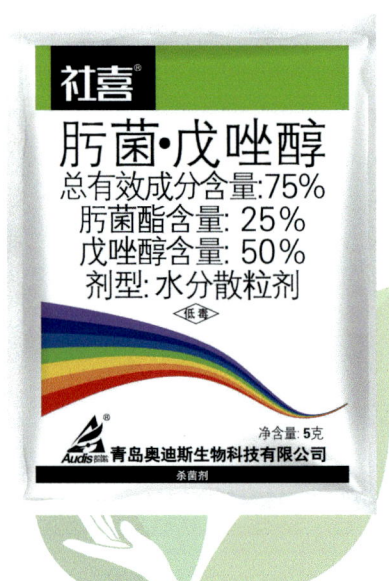

典范产品2：阿尔达（35%四霉素·喹啉铜悬浮剂）

本产品是 2020 年 4 月上市的杀菌剂，一经推出，便受到了广大经销商、零售商、种植户的认可。目前已经通过全国 15 省权威机构官方试验，包括江西脐橙研究所、广西壮族自治区农业科学院植物保护研究所等。2021 年 6 月，获评 2021 年度 BAA 万商大会"金农奖·匠心农资品牌"；2021 年 7 月获中央电视台报道。阿尔达是新一代高活性修复型杀细菌剂，针对柑橘溃疡病、桃树细菌性穿孔病、黄瓜细菌性角斑病等细菌性病害具有非常突出的防治效果，在防治效果上具体表现为见效快、管得久，相比市场上一般的杀细菌剂具备活性高、修复性好、混配性好、不诱发螨类暴发等显著优势。本产品在有效防治细菌性病害的同时，能有效提升作物的抗病性。

联系人	史淑倩	联系电话	18865325060
传　　真	0532-58659122	电子邮箱	2460294031@qq.com
通信地址	山东省青岛市城阳区国城路216号	网　　址	/

青岛凯源祥化工有限公司

一、单位概况

青岛凯源祥化工有限公司位于风景秀丽的青岛莱西市水集工业园内，成立于 2002 年 10 月份，注册资金为 3 585 万元，目前在册员工 152 人。凯源祥公司是国家发展改革委核准的农药生产定点企业，是青岛市高新技术企业、青岛市安全标准化三级企业、青岛市守合同重信用企业、莱西市 50 强企业、莱西市经济发展特殊贡献企业、莱西市民营企业质量管理先进单位、莱西市清洁生产先进单位、山东省农药工业协会第七届理事会会员单位。企业技术中心被认定为青岛市企业技术中心。"创新为本，以质取胜，脚踏实地，服务于农"是凯源祥的经营理念，"诚信、务实、团队、超越"是凯源祥的企业精神，"专注作物科学，服务世界农业"是凯源祥的企业宗旨。

二、纳入典范产品特征介绍

典范产品1：浓甜（15%氟吡菌胺·精甲霜灵悬浮剂）

本产品是卵菌纲病害杀菌剂，由最新治疗性杀菌剂氟吡菌胺和强内吸传导性杀菌剂精甲霜灵复配而成，既具有保护作用又具有治疗作用。属低毒杀菌剂，对环境、作物安全，能在作物的任何生长时期使用，并且对作物还有刺激生长、增强活力、促进生根和开花的作用。具有很强的内吸性，尤其是在连续降雨，多数杀菌剂难以使用或使用效果欠佳的情况下，本产品以其见效快和耐雨水冲刷的特点赢得许多农民的喜爱。

典范产品2：烬扫（20%虫螨腈·唑虫酰胺悬浮剂）

本产品是由新型吡咯类化合物虫螨腈和新型吡唑杂环类杀虫杀螨剂唑虫酰胺混配而成。有效地扩大了该产品的杀虫谱，降低了交互抗性，对果树、蔬菜、茶树的抗性蓟马、夜蛾、小菜蛾、跳甲、茶小绿叶蝉有特效；对柑橘介壳虫、锈壁虱高效；对柑橘其他害虫均有很好的防治效果。本产品的优势还有：全国独家唑虫酰胺原药供应商；抗性害虫管理专家；独特工艺，添加融壳酶和穿甲酶，30分钟见效；杀虫杀卵，多作用位点。

联系人	史淑倩	联系电话	18865325060
传　　真	0532-58659122	电子邮箱	2460294031@qq.com
通信地址	山东省青岛市城阳区国城路216号	网　　址	/

山东辉瀚生物科技有限公司

一、单位概况

山东辉瀚生物科技有限公司是隶属于青岛金尔集团旗下的独立子公司，是一家集原药合成、制剂加工、进出口贸易、植保服务为一体的农药生产定点企业。

公司成立伊始，就定位为生产高端除草剂、杀虫剂、杀菌剂、杀螨剂的技术型现代化农药生产企业。"激情、创新、协作、超越"的辉瀚人依托于集团先进的加工工艺和先进的运营方式，秉承以市场为导向，以创新为动力，以人才为根本，以客户满意为标准的行为准则，全力服务于新型高效的集约化农业产业，为中国百姓提供科学、先进、节约、实用的植保技术方案，不断满足百姓对作物产量和品质的更大需求。

二、纳入典范产品特征介绍

典范产品1：碧奥福润（4.3%辛菌·吗啉胍水剂）

产品特点：

①安全无抗性。优势配比，双效协同，无抗性。
②快速吸收。内吸渗透性强，全方位保护作物。
③营养修复。特殊修复因子，快速修复受损部位，延长功能期。

第一部分 生产试点单位

典范产品2：花生金匠（40%氟醚·灭草松、10%精喹禾灵）

产品特点：

①杀草谱广。对花生田中常见的禾本科杂草、阔叶杂草及莎草科杂草均有很好的防效。

②死草彻底。添加特殊助剂，杂草吸收传导快，死草彻底不反弹。

③提高产量。可促进作物新生枝叶生长，使作物更健壮，提高作物产量。

④安全性好。全田喷雾，对花生高度安全，不伤苗。

联系人	孙露	联系电话	18562765549
传　　真	0532-87293616	电子邮箱	421719693@qq.com
通信地址	山东省胶州市金尔路1号	网　　址	/

山东省联合农药工业有限公司

一、单位概况

山东省联合农药工业有限公司位于岱岳区范镇，是山东中农联合生物科技股份有限公司的全资子公司，隶属于中国农资集团。公司成立于1995年，占地750亩，规模生产吡虫啉、啶虫脒、哒螨灵等30余种原药，制剂加工品种近150个。公司总资产10亿元，净资产4.5亿元，2020年销售额接近16亿元。总公司于2021年4月6日在深圳证券交易所正式挂牌上市。

公司拥有40余项发明专利，其中，首个具有自主知识产权的创制产品新型杀菌剂氟醚菌酰胺是一种高效低毒的广谱杀菌剂，自上市以来，累计销售1亿元。"氟醚菌酰胺的合成与应用研究"获得了国家"十二五"科技攻关项目及国家"十三五"重点研发计划的支持。

山东联合先后通过了ISO 9001：2008质量管理体系、ISO 14000环境管理和OHSAS18000职业健康安全管理体系认证，构造了质量、环境、安全、健康一体化的管理体系。公司始终以"为人类生产绿色农药"为己任，坚持打造绿色环保型生产企业，致力于成为中国最具影响力的农化产品生产供销商，做中国农化领域的典范。

二、纳入典范产品特征介绍

典范产品1：卡诺滋（50%氟醚菌酰胺水分散粒剂）

本产品是公司自主研发创制的含氟苯甲酰胺类杀菌剂，登记作物和防治对象是黄瓜霜霉病、哈密瓜霜霉病、三七疫病和人参疫病。有效成分氟醚菌酰胺荣获国家发明专利，作用于病原菌琥珀酸脱氢酶而抑制其呼吸作用。化学结构独特，含有7个氟原子，杀菌活性比同类杀菌剂提高数倍。本产品采用国际最先进的剂型加工技术，混配性高，安全性好，更易被吸收利用；杀菌谱广，对卵菌纲微生物有特效，对霜霉病、疫病见效快、持效期长。本产品获农药创新贡献一等奖、2020年度匠心产品奖、2019年和2020年度植物健康产品贡献奖。自2015年上市以来，本产品累计服务超过500万亩次，受到了用户的广泛好评。

第一部分 生产试点单位

典范产品2：叶俏（40%氟醚·烯酰悬浮剂）

本产品主要用于防治马铃薯晚疫病和芋头疫病等由鞭毛菌亚门卵菌纲真菌引起的病害。

产品特点：

①专利品种，独特配方，最新 SDHI 类杀菌剂，防治马铃薯晚疫病和芋头疫病，更高效，成本更低。

②活性更高，抗性更低，氟醚菌酰胺与烯酰吗啉 3：5 复配，增效配方，毒力更高。

③双重机理，作用迅速，杀菌更彻底，保护更持久。

④防病保健，提高品质。

本产品获 2020 年度优秀作物健康管理解决方案奖，在马铃薯区和芋头区经过几年的市场应用，累计服务超百万亩次，得到了用户的一致好评，在马铃薯流行性病害晚疫病的快速防治与治疗方面，经得住市场的考验，获得了良好的口碑。

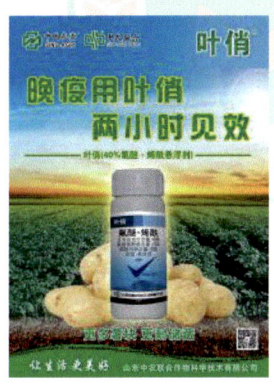

典范产品3：卡塔拉（40%氟醚·己唑醇悬浮剂）

本产品由全新一代专利成分氟醚菌酰胺 1：1 复配三唑类药剂己唑醇组成，登记作物和防治对象是水稻纹枯病。琥珀酸脱氢酶抑制剂和三唑类配伍的双重机制，增效配比，作用全面，兼具保护与治疗作用；具有内吸和多维传导功能，可以通过茎秆、叶片吸收传导，并且具有跨层渗透分布功能；水基化悬浮剂型附着力强，展着性好，耐雨水冲刷。本产品获第十三届中国农药技术创新奖、2021 年度优秀作物健康管理解决方案奖。产品自上市以来累计服务水稻超 350 万亩次，切实帮助农户实现提质、增效、增产、增收。

联系人	刘杰	联系电话	0531-88976650
传　　真	0531-88977785	电子邮箱	sdlhny@sdznlh.com
通信地址	山东省济南市历城区桑园路28号	网　　址	www.sdznlh.com

京博农化科技有限公司

一、单位概况

京博农化科技有限公司成立于 2011 年，是一家为全球农业提供优质农业投入品及作物优质管理的农产品高质量生产方案提供商。

原药产品精喹禾灵、烟嘧磺隆、醚菌酯、茚虫威等凭借其优良的质量热销海内外。制剂产品闲锄、博星、保尔等被山东省农业农村厅认定为无公害农产品重点推广生产资料，京博品威、施华冠等荣获绿色食品生产资料认证，多项植保技术取得山东省科技进步奖。

公司是高新技术企业、中国农药百强企业、中国行业信用评价 3A 级企业、山东省重点农药生产企业、山东省技术创新示范企业，通过了质量、环境、职业健康安全管理、能源、知识产权五大体系认证。连续获得中国农药行业销售百强、中国农药出口企业 50 强等多项荣誉。公司技术中心为国家认定企业技术中心、山东省无公害新农药研究推广中心，通过国家认可委 CNAS 认证。公司现已取得国家授权专利 90 余项，多项科研成果获国际先进水平。

二、纳入典范产品特征介绍

典范产品1：龙戬/京博高大尚

本产品为低毒产品，防治柑橘树锈壁虱，低残留，绿色环保。

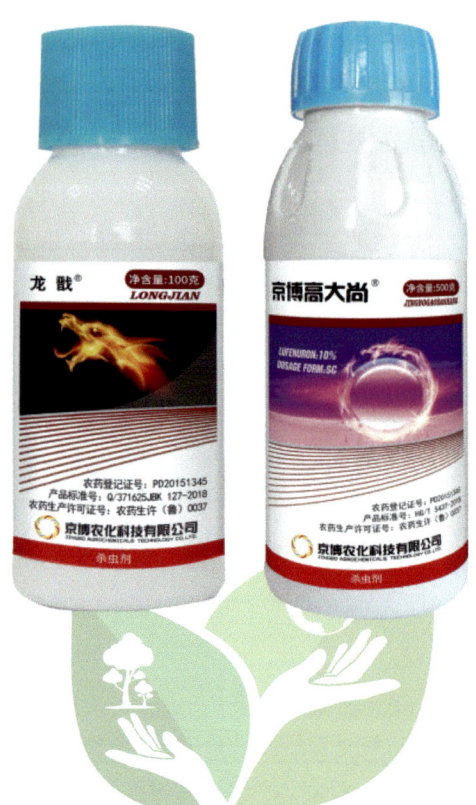

典范产品2：京博品威

本产品对害虫具有胃毒和触杀作用，通过干扰钠离子通道导致害虫中毒，随即麻痹直至僵死，对各龄幼虫都有效。该产品获 2017 年植保产品贡献奖、2017 年中国植保市场杀虫剂畅销品牌产品、2017 年度农药"四培育"10 大农药品牌产品、2019 年绿色食品生产资料认证。

典范产品3：米罗

本产品属低毒类杀虫剂，为肟菌酯和戊唑醇的混配制剂，早期使用可阻止病菌侵入，减少植物发病次数和用药次数，对作物有较好的安全性。

联系人	崔敏	联系电话	15006309196
传　　真	/	电子邮箱	cuimin@jbnh.cn
通信地址	/	网　　址	www.jbnh.cn

济南中科绿色生物工程有限公司

一、单位概况

济南中科绿色生物工程有限公司成立于1998年，坐落于美丽的泉城济南，是国家定点的生物农药研发、生产基地，也是中国农药行业制剂30强企业、济南市市级农业龙头企业、济南市安全生产工作先进单位。

公司年销售额近4亿元，现有员工200余人。公司拥有透皮、嘉育、阿拉贡、阿锐钢等知名品牌，其中透皮阿维品牌影响和市场占有率全国第一、杀螨剂市场影响及销量位列全国前茅；透皮阿维品牌连续多年被评为山东省十大农药名牌产品，阿拉贡牌产品获评2021十大优秀杀螨剂产品。公司的网络渠道优质、稳定，遍布全国大江南北。

公司刚刚成立中科合成生物学研究院，利用基因工程技术、微生物工程学、生物信息技术等对生物体进行有目标的设计、改造乃至重新合成，这是创新微生物、细胞和蛋白（酶）等在生物制药、环境能源、生物材料领域应用的前沿技术。

二、纳入典范产品特征介绍

典范产品1：翠米（50%氟环·噻呋酰胺悬浮剂）

登记证号：PD20181355。登记作物及防治对象：水稻，纹枯病。

本产品是一种具有治疗作用的三唑类内吸性广谱杀菌剂，能被植物的茎、叶吸收，并向上、向外传导，具有保护和治疗作用。对于子囊菌、担子菌和半知菌等有持久的保护和治疗作用。在推荐使用剂量下，对作物的生长及周围非靶标生物无不良影响。噻呋酰胺是一种活性较高的杀菌剂，具有预防和治疗作用，同时对作物的生长具有一定的刺激作用。二者混配后对水稻纹枯病具有良好的防治效果，同时该产品具有耐雨水冲刷的特性，持效期较长。

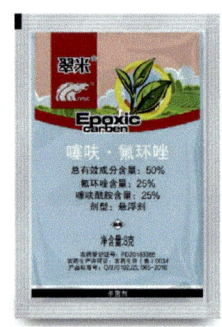
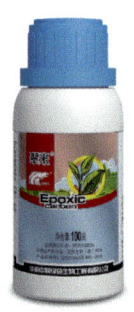

典范产品2：满荣（34%螺螨酯悬浮剂）

登记证号：PD20182084。登记作物及防治对象：柑橘树，红蜘蛛。

本产品属于非内吸性杀螨剂，主要通过触杀和胃毒作用防治卵、若螨和雌成螨，其作用机理为抑制害螨体内脂肪合成、阻断能量代谢，与常规杀螨剂无交互抗性；其杀卵效果突出，并对不同发育阶段的害螨（雄成螨除外）均有较好防效，可在柑橘的各个生长期使用。

典范产品3：阿锐钢（1%甲氨基阿维菌素微乳剂）

登记证号：PD20152020。登记作物及防治对象：大葱、甘蓝，甜菜夜蛾；韭菜，葱须鳞蛾。

本产品是一种抗生素类杀虫剂，通过阻碍害虫运动神经信息传递而使大量氯离子进入害虫神经细胞，使害虫停止取食后麻痹死亡。具有胃毒和触杀作用，由于渗透性较强，能有效溶入作物表皮组织，具有较长的持效期。对防治甘蓝上的甜菜夜蛾等有很好的效果。

联系人	刘晓莉	联系电话	13869112270
传　真	0531-82600106	电子邮箱	903198180@qq.com
通信地址	山东省济南市历城区唐冶西路868号东八南区B33-1号楼21F	网　址	www.jnzkgreen.net/lists/11.html？page=3

惠州市银农科技股份有限公司

一、单位概况

惠州市银农科技股份有限公司成立于2003年，是致力于安全、高效、低毒、对环境友好新型农药制剂的研发、生产、销售和技术服务的高新技术企业。公司坚持"高端、精准"的民族品牌战略，创新剂型配方和工艺优化，引领中国农药制剂行业发展方向。2021年，成为工信部重点支持的国家级专精特新"小巨人"企业，这在农药制剂细分领域是唯一的一家。同时紧跟国家自主创新战略导向，突破行业技术瓶颈将巴斯夫专利化合物成功复配并成为国内首家为跨国药企提供技术支持的企业。7个产品认定达到国际先进和国内领先水平，打破国内高端农药被外企垄断的格局。拥有专利22个，其中发明专利18个。企业自建先进的研发中心，巨资建成GLP实验室并开始试运行，将努力获得农业农村部及OECD认定，助推行业发展。

二、纳入典范产品特征介绍

典范产品1：农舟行、攻戈、戈迪（5%甲氨基阿维菌素苯甲酸盐微乳剂）

本产品能安全、高效、绿色环保地消灭蓟马、草地贪夜蛾等害虫。该产品采用环保型溶剂加入微乳剂配方中，以水为主要基质，替代有机溶剂，使产品更安全，对环境更友好，特别是剂型由传统剂型往清洁化环保剂型发展，具有良好的社会效应。本产品在国内各类甲氨基阿维菌素苯甲酸盐产品中销量始终名列前茅，在经作区、大田区、果树区形成了强有力的品牌优势。其微乳剂剂型农舟行防治蓟马属国内首创，因其安全、高效、持效期长等防治优势在多地备受瞩目。

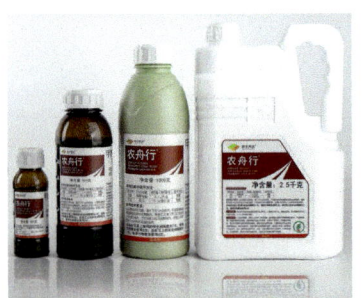

典范产品2：灿都、苍郁（30%苯甲·丙环唑微乳剂）

本产品能够健壮作物，促进植株健壮、叶片厚绿、茎秆粗壮，提高产量，改善品质。该产品采用醇醚环保溶剂加入微乳剂配方中，使产品更安全，对环境更友好。环境友好型的溶剂和助剂的使用，符合农药制剂绿色化的要求。且微乳剂被誉为绿色农药剂型，具有药效好、不用或少用有机溶剂、环境污染小、持久稳定等优点，是农药剂型研究的方向之一。苯醚甲环唑和丙环唑都属三唑类杀菌剂，具有内吸性两种不同作用机理的杀菌剂混配，一方面大大减缓了病菌的抗药性，另一方面使单剂的杀菌谱得以进一步扩展。该产品还应用了高性能的增效剂，药液能快速地在作物表面展着并形成一层药膜，起到保护

的作用，对锈病、纹枯病等具有较好的防效。

典范产品3：农精灵、银彩佳（48%苯甲·嘧菌酯悬浮剂）

本产品保健功能显著，绿叶靓果，增强抗逆性，提高产量，改善品质。该产品制剂总有效成分高，提高了制剂的稳定性和悬浮率，更快速地将药物渗透进植物体内吸收传导，同时耐雨水冲刷，持效性强。产品多方面指标高于市场上同类型的悬浮剂，在不同作物上防病增产效果明显，降低农民用药成本，提高药效、延长药效持效期、减少用量，从而更加节能绿色环保。

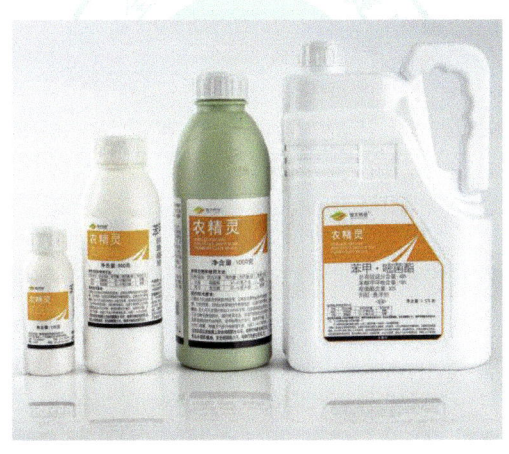

联系人	刘爱杰	联系电话	18218990931
传　　真	0752-2872788	电子邮箱	liuaijie@yinnong.com.cn
通信地址	广东省惠州市惠城区马安镇赤澳地段银农科技	网　　址	www.yinnong.com.cn

陕西美邦药业集团股份有限公司

一、单位概况

陕西美邦药业集团股份有限公司成立于1998年，是集农药研发、生产、销售及农业技术推广服务于一体的现代化企业。产品线涵盖水分散粒剂、悬浮剂、水乳剂、可溶液剂等多种剂型，产品线覆盖杀虫剂、杀菌剂、杀螨剂、除草剂、植物生长调节剂等各种产品。公司拥有雄厚的科研、生产能力，在陕西省渭南市蒲城县高新技术产业开发区建造了先进的生产、研发中心，总占地面积达57 208平方米。营销网络覆盖全国30多个省份，产品深受市场欢迎。目前公司拥有农药产品登记证400多个，已授权专利90多项，注册商标90多项。公司获得2019年中国农药行业制剂销售20强、中国农药行业销售百强荣誉称号。

二、纳入典范产品特征介绍

典范产品1：星探（30%联苯·螺虫酯悬浮剂）

本产品毒性低，采用清洁生产工艺，所含有效成分联苯菊酯和螺虫乙酯在作物上易降解，且对作物质量无负面影响，登记于苹果树介壳虫和桃小食心虫，现处于登记有效期内，对生态环境和有益生物安全且对周边作物和后茬作物均无不良影响，属于环境友好型剂型，包装符合标准要求。

该产品原料选用高纯度螺虫乙酯及联苯菊酯，确保田间使用效果，同时两种药剂复配，可有效减少用药次数，达到"减量控害"目标。产品质量标准所要求的技术指标符合相应的国家标准、行业标准；所使用的助剂符合国家有关规定，不违背农药行业国际通行管理要求；不含有杂质和农药隐性成分。

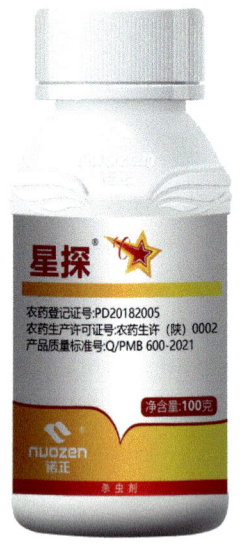

该产品在推荐剂量下对苹果树介壳虫和桃小食心虫有较好的防治作用，且在推荐剂量下对苹果安全，在生产上有较好的推广应用前景。

典范产品2：敌细（22%春雷·氯尿可湿性粉剂）

本产品毒性低，采用清洁生产工艺，所含有效成分春雷霉素和氯溴异氰尿酸在水稻中均易降解，且对水稻质量无负面影响，登记于水稻稻瘟病，现处于登记有效期内，对生态环境和有益生物安全且对周边作物和后茬作物均无不良影响，属于环境友好型剂型，包装符合标准要求。该产品质量标准所要求的技术指标符合相应的国家标准、行业标准；所使用的助剂符合国家有关规定，不违背农药行业国际通行管理要求；不含有杂质和农药隐性成分。

该产品在推荐剂量下对水稻有较好的防治效果，且在推荐剂量下

对水稻安全，在生产上有较好的推广应用前景。

典范产品3：闪满（45%联肼·乙螨唑悬浮剂）

本产品毒性低，采用清洁生产工艺，所含有效成分联苯肼酯和乙螨唑在柑橘中均易降解，且对柑橘质量无负面影响，登记于柑橘树红蜘蛛，现处于登记有效期内，对生态环境和有益生物安全且对周边作物和后茬作物均无不良影响，属于环境友好型剂型，包装符合标准要求。

该产品质量标准所要求的技术指标符合相应的国家标准、行业标准；所使用的助剂符合国家有关规定，不违背农药行业国际通行管理要求；不含有杂质和农药隐性成分。

该产品在推荐剂量下对柑橘树红蜘蛛有较好的防治效果，且在推荐剂量下对柑橘树安全，在生产上有较好的推广应用前景。

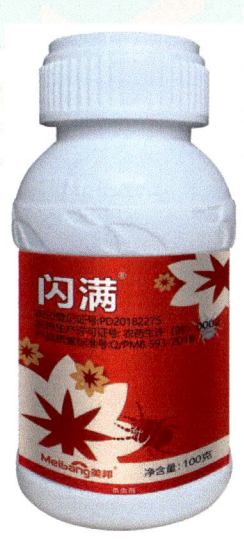

联系人	杜勇	联系电话	18681848231
传　　真	029-89820615	电子邮箱	420698396@qq.com
通信地址	陕西省西安市经济技术开发区草滩生态园草滩三路石羊工业区A19号楼	网　　址	www.meibang.cn

陕西汤普森生物科技有限公司

一、单位概况

陕西汤普森生物科技有限公司成立于2005年8月4日，是一家集农药科研、生产、销售及农业技术推广服务于一体的综合性民营企业，其产品种类丰富，涉及杀虫剂、杀菌剂、杀螨剂、除草剂、植物生长调节剂、肥料、微生物肥料等产品。拥有现代化的生产和检验设备，依靠自身的技术力量与农业院校科研院所相互合作，同时拥有先进的超声速气流粉碎机、乳油生产线、胶悬剂生产线，新一代气相、液相色谱仪等设备仪器，确保每批产品质量可靠稳定。陕西汤普森生物科技有限公司始终坚持"让农作物享受星级服务"这一宗旨，不断开发高效、低毒、低残留的新品种。

二、纳入典范产品特征介绍

典范产品1：细炭停（27%春雷·溴菌腈可湿性粉剂）

27%春雷·溴菌腈可湿性粉剂产品毒性为低毒，采用清洁生产工艺，所含有效成分春雷霉素和溴菌腈在黄瓜中均易降解，且对黄瓜、观赏菊花及金橘树质量无负面影响，登记于黄瓜炭疽病、黄瓜细菌性角斑病、观赏菊花细菌性角斑病及金橘树炭疽病，现处于登记有效期内，对生态环境和有益生物安全且对周边作物和后茬作物均无不良影响，属于环境友好型剂型，包装符合标准要求。

该产品质量标准所要求的技术指标符合相应的国家标准、行业标准；所使用的助剂符合国家有关规定，不违背农药行业国际通行管理要求；不含有杂质和农药隐性成分。

该产品在推荐剂量下对黄瓜细菌性角斑病、黄瓜炭疽病、观赏菊花细菌性角斑病及金橘树炭疽病有较好的防治效果，且在推荐剂量下对黄瓜、观赏菊花、金橘安全，在生产上有较好的推广应用前景。

典范产品2：巨力健（10%赤霉·胺鲜酯可溶粒剂）

10%赤霉·胺鲜酯可溶粒剂产品毒性为微毒，采用清洁生产工艺，所含有效成分赤霉酸和胺鲜酯在大白菜中均易降解，且对大白菜质量无负面影响，登记于大白菜用于调节植物生长，现处于登记有效期内，对生态环境和有益生物安全且对周边作物和后茬作物均无不良影响，属于环境友好型剂型，包装符合标准要求。

该产品质量标准所要求的技术指标符合相应的国家标准、

行业标准；所使用的助剂符合国家有关规定，不违背农药行业国际通行管理要求；不含有杂质和农药隐性成分。

该产品在推荐剂量下对大白菜有较好的调节生长的作用，且在推荐剂量下对大白菜安全，在生产上有较好的推广应用前景。

典范产品3：镖雷（21%甲维·虫螨腈悬浮剂）

21%甲维·虫螨腈悬浮剂产品毒性为低毒，采用清洁生产工艺，所含有效成分虫螨腈和甲氨基阿维菌素苯甲酸盐在甘蓝中均易降解，且对甘蓝质量无负面影响，登记于甘蓝甜菜夜蛾，现处于登记有效期内，对生态环境和有益生物安全且对周边作物和后茬作物均无不良影响，属于环境友好型剂型，包装符合标准要求。

该产品质量标准所要求的技术指标符合相应的国家标准、行业标准；所使用的助剂符合国家有关规定，不违背农药行业国际通行管理要求；不含有杂质和农药隐性成分。

该产品在推荐剂量下对甘蓝有较好的防治效果，且在推荐剂量下对甘蓝安全，在生产上有较好的推广应用前景。

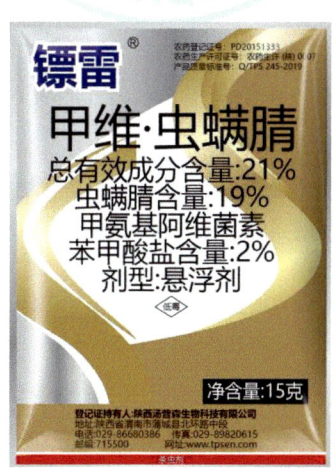

联系人	伏波	联系电话	18629303879
传　　真	029-89820615	电子邮箱	910219880@qq.com
通信地址	陕西省西安市经济技术开发区草滩生态园草滩三路石羊工业区A19号楼	网　　址	/

陕西亿田丰作物科技有限公司

一、单位概况

陕西亿田丰作物科技有限公司（原名陕西韦尔奇作物保护有限公司）成立于2006年，是集科研、生产、试验、示范、推广于一体，具有现代化的生产和检验设备的高科技企业，开发、生产高活性、高安全性、高效益、对环境友好的农药新产品。公司以"做让农民信得过的农药产品"为经营理念，以高起点、高标准、高质量为基础，注重高新科技的投入，借鉴先进的管理理念，依靠雄厚的科技实力，力争创出自己的品牌。

二、纳入典范产品特征介绍

典范产品1：聚星（3%硝钠·胺鲜酯水剂）

3%硝钠·胺鲜酯水剂产品毒性为低毒，采用清洁生产工艺，所含有效成分胺鲜酯和复硝酚钠在番茄中易降解，且对番茄质量无负面影响，登记于番茄用于调节植物生长，现处于登记有效期内，对生态环境和有益生物安全，对周边作物和后茬作物均无不良影响，属于环境友好型剂型，包装符合标准要求。

该产品质量标准所要求的技术指标符合相应的国家标准、行业标准；所使用的助剂符合国家有关规定，不违背农药行业国际通行管理要求；不含有杂质和农药隐性成分。

该产品在推荐剂量下对番茄有较好的调节生长的作用，且在推荐剂量下对番茄等大多数作物安全，在生产上有较好的推广应用前景。

典范产品2：狙马（7%多杀·甲维盐悬浮剂）

7%多杀·甲维盐悬浮剂产品毒性为低毒，采用清洁生产工艺，所含有效成分多杀霉素和甲氨基阿维菌素苯甲酸盐在甘蓝中易降解，且对甘蓝质量无负面影响，登记于甘蓝小菜蛾，现处于登记有效期内，对生态环境和有益生物安全且对周边作物和后茬作物均无不良影响，属于环境友好型剂型，包装符合标准要求。

该产品质量标准所要求的技术指标符合相应的国家标准、行业标准；所使用的助剂符合国家有关规定，不违背农药行业国际通行管理要求；不含有杂质和农药隐性成分。

该产品在推荐剂量下对甘蓝小菜蛾有较好的防治作用，且在推荐剂量下对甘蓝安全，在生产上有较好的推广应用前景。

该产品为多杀霉素和甲氨基阿维菌素苯甲酸盐复配制剂，可有效减少用药次数，对施药者风险较低，对作物温和，不易产生药害，所使用的助剂均为环保类型，与水接触后可快速形成稳定的悬浮体系，能够很大程度上减少药剂漂移，且药液喷至作物叶片后，延展性好，耐雨水冲刷，利用率高，环境残留少。

典范产品3：奇固（80%胺鲜·甲哌鎓可溶粉剂）

80%胺鲜·甲哌鎓可溶粉剂产品毒性为低毒，采用清洁生产工艺，所含有效成分胺鲜酯和甲哌鎓在棉花中易降解，且对棉花质量无负面影响，登记于棉花用于调节植物生长，现处于登记有效期内，对生态环境和有益生物安全且对周边作物和后茬作物均无不良影响，属于环境友好型剂型，包装符合标准要求。

该产品质量标准所要求的技术指标符合相应的国家标准、行业标准；所使用的助剂符合国家有关规定，不违背农药行业国际通行管理要求；不含有杂质和农药隐性成分。

该产品在推荐剂量下对棉花有较好的生长调节的作用，且在推荐剂量下对棉花安全，在生产上有较好的推广应用前景。

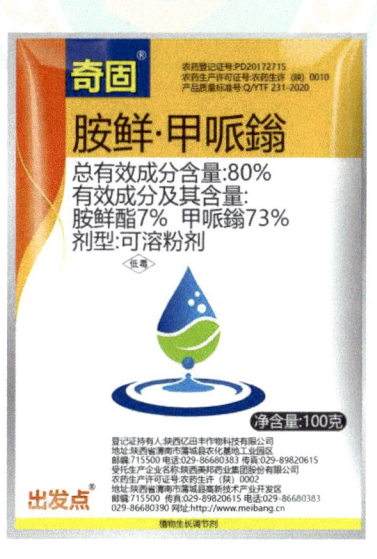

联系人	卢靖乐	联系电话	19909217797
传　　真	029-89820615	电子邮箱	lusanle@163.com
通信地址	陕西省西安市经济技术开发区草滩生态园草滩三路石羊工业区A19号楼	网　　址	/

巴斯夫欧洲公司

一、单位概况

巴斯夫的产品范围涵盖化学品、材料、工业解决方案、表面处理技术、营养与护理以及农业解决方案。2020年巴斯夫全球销售额约590亿欧元，在全球拥有约110 000名员工。在农业解决方案业务领域，巴斯夫的产品组合包括杀菌剂、除草剂、杀虫剂和生物解决方案，以及种子和种子处理产品，辅以数字化产品以帮助农民提升产量。

巴斯夫将农药减量增效贯穿到产品的研发、推广和使用等多个环节。在中国，为配合国家粮食安全策略，推进农业农村部高产创建和农药减量等政策的顺利实施，做好粮食等主要农作物病虫草害防治工作，自2011年开始，巴斯夫与全国农业技术推广服务中心合作开展"农药减量及作物健康绿色增产施乐健技术示范项目"以及农药安全科学使用培训等项目推进减量增效行动；同时，巴斯夫也通过公司的全国推广团队在国内推广这些技术，希望让种植户使用更少的农药而收获更高产、更优质的农产品，从而获得更多收益。

二、纳入典范产品特征介绍

典范产品1：稻清（9%吡唑醚菌酯微囊悬浮剂）

本产品的主要成分是吡唑醚菌酯，是巴斯夫科研人员十年科技创新专为水稻种植户定制开发的专利产品。本产品所独有的微胶囊技术可确保有效成分在稻叶表面精确释放，产生最佳的稻瘟病防治效果；与传统剂型相比，这种新的微胶囊技术更好地改善了产品的毒理学特性，对环境更友好。同时，稻清可促进水稻健壮，收获更多健康稻米。在相关示范试验中，本产品处理区的水稻根系发达、茎秆粗壮、叶色浓绿，功能叶健康、衰老晚，结实率高、有效粒多、籽粒色泽光亮。与常规用药相比，本产品配套方案平均增产47.2千克/亩，扣除用药成本后，平均增收114元/亩。

典范产品2：锐收果香（400克/升氯氟醚·吡唑酯悬浮剂）

本产品为吡唑醚菌酯和氯氟醚菌唑的混配杀菌剂。氯氟醚菌唑是异丙醇三唑类活性成分，兼具保护和治疗作用，因其独特的异丙醇结构而具有优异的抗性管理能力。吡唑醚菌酯是甲氧基丙烯酸酯类活性成分，兼具预防作用和早期治疗作用，能有效控制白粉病、炭疽病和灰霉病等真菌病害，兼具促进植物健康作用。本产品果香杀菌谱广，对番茄、黄瓜、西瓜、马铃薯、葡萄、香蕉、杧果、柑橘和苹果等果蔬病害具有较高活性，且使用窗口灵活、适期较长、持效期较长。规范使用下对作物安全，能够提高作物抗逆性和长势。

典范产品3：扑力猛（25克/升灭菌唑种子处理悬浮剂）

本产品是基于灭菌唑开发的种子处理产品。灭菌唑具有触杀和内吸传导作用，是甾醇生物合成中 C-14 脱甲基化酶抑制剂，主要用作种子处理剂。本产品用于种子处理可有效地防治麦类（散、腥）黑穗病等种传病害，正常使用技术条件下对种子及植株安全。本产品对黑穗病的防效稳定，对麦类作物的分蘖有一定促进作用，用本产品处理过的麦类作物，苗期长势更健壮，根系更发达。

联系人	孟祥杰	联系电话	15210198411
传　真	010-56831753	电子邮箱	xiangjie.xj.meng@basf.com
通信地址	北京市朝阳区东三环北路霞光里18号佳程广场A座25层	网　址	www.basf.com/cn/zh.html

美国富美实公司

一、单位概况

美国富美实公司实拥有世界一流的基础研发能力，致力于为全球种植者提供创新农业解决方案与应用技术，持续提升农业生产力和作物品质，全力推行绿色农业可持续发展。

公司全球农业解决方案拥有更加成熟的研发、更为广泛的产品，更深层次的开发，更多地区的服务，还在全球建设更多的生产基地，实现更全的营销体系，拥有更强的供应链系统，从而满足全球客户的需求。

二、纳入典范产品特征介绍

典范产品1：康宽（200克/升氯虫苯甲酰胺悬浮剂）

本产品自2008年上市以来，为百万中国种植者所熟知，以其独特的作用机理开创了鳞翅目类害虫防治的先河，对于所有鳞翅目类害虫高效，尤其在水稻、玉米种植区，完美解决了困扰种植者的主要害虫二化螟、稻纵卷叶螟、玉米螟、黏虫、草地贪夜蛾等问题。本产品微毒环保，环境友好，保护天敌，对鸟和哺乳动物、蜜蜂、非靶标生物安全无害，采收安全间隔期较短，在甘蓝上的安全间隔期仅为1天。

本产品有优异的内吸性、超长的持效期，对初孵幼虫防效卓越。早用本产品可直接减小螟虫的全程防治压力，投入更少、效率更高，符合早期防控的绿色植保理念和农药零增长理念，在直播稻、移栽稻区都有良好的表现。

典范产品2：倍内威（10%溴氰虫酰胺可分散油悬浮剂）

本产品是富美实研发的全新专利化合物，属于双酰胺类杀虫剂。本产品是多谱型杀虫剂，对常见的害虫如粉虱、蚜虫、蓟马、斑潜蝇、夜蛾、菜青虫等均具有较高的活性，可大大节约农户的用药成本，减少打药次数，减少农药的用量。本产品是一种新作用机理的杀虫剂，可以防治对其他常规药剂产生抗性的害虫，从而可以成为害虫抗性综合治理的有力工具。

本产品是可分散油悬浮剂，其剂型的设计增强了对叶片的渗透性和局部内吸传导能力，从而大大提升了该产品对害虫的防治性能。其能够在几分钟内阻止害虫取食，减少了害虫对叶片和果实的为害，并降低了病毒病的传播，从而有效保证作物的产量和品质。

本产品对非靶标节肢动物的选择性可以有效保护天敌。研究表明其对鸟类、鱼类、哺乳动物、蚯蚓和土壤微生物低毒，在环境中能够快速降解。按照推荐剂量使用时，具有非常友好的环境表现和毒理学特性。

联系人	张宁宁	联系电话	13439381765
传　　真	021-20675858	电子邮箱	Jacky.zhang@fmc.com
通信地址	北京市东城区安定门外大街208号，中粮置地广场B座210室	网　　址	www.fmc.com/en

瑞士先正达作物保护有限公司

一、单位概况

瑞士先正达作物保护有限公司是全球技术领先的农业专业公司，业务涵盖种子、植保。其在中国的全资子公司——先正达（中国）投资有限公司（以下简称先正达），于1998年8月在中国注册成立。在植保领域，先正达集产品的研发、生产、推广和销售于一体，在中国高端制剂品牌市场持续多年占有率第一。2021年，作为先正达集团中国的骨干成员之一，先正达秉承全球绿色农业，持续在国内关注农业绿色可持续增长，并不断推出绿色植保产品。截至2021年年底，先正达已有绿色食品生产资料30多个、生态环保优质农业投入品4个。

二、纳入典范产品特征介绍

典范产品1：美甜（200克/升氟酰羟·苯甲唑悬浮剂）

本产品是先正达开发的新一代琥珀酸脱氢酶抑制剂类和三唑类的复配杀菌剂。其中有效成分氟唑菌酰羟胺是先正达历时8年开发的创新专利化合物。本产品有效成分使用量低，对靶标病害活性高、持效期较长，对非靶标生物及环境友好，完全符合"农药使用量零增长计划"的目标，在有效预防病害的同时，还可提升农作物的产量和品质。

典范产品2：麦甜（200克/升氟唑菌酰羟胺悬浮剂）

本产品是先正达开发的新一代琥珀酸脱氢酶抑制剂类杀菌剂。有效成分氟唑菌酰羟胺是先正达历时8年开发的创新专利化合物。本产品有效成分使用量低，对靶标病害活性高、持效期较长，对非靶标生物及环境友好，完全符合"农药使用量零增长计划"的目标。本产品能有效防治小麦赤霉病和油菜菌核病，蜡质层结合力强，耐雨水冲刷，有利于延长持效期。使用本产品能有效提升小麦和油菜的产量和品质。

典范产品3：爱秀（5%唑啉草酯乳油）

本产品除草高效、安全性高，一直为小麦及大麦市场的领先产品，在全球主要的麦类种植区已大面积使用。在我国，本产品多年来在全国各地作为安全、高效、环保的农药及小麦田杂草抗性治理工具也同样被各级农业部门所青睐，2020年被评为全国植保市场除草剂畅销品牌产品。在大部分的青稞种植区，本产品已成为当地植保部门唯一推荐使用的防除禾本科杂草的除草剂。

联系人	叶魁	联系电话	/
传　真	/	电子邮箱	Kui.ye@syngentagroup.cn
通信地址	北京市丰台区西铁营中路2号院，佑安大厦17层	网　址	www.syngentagroup.com

河北天发生物科技有限公司

一、单位概况

河北天发生物科技有限公司是国家定点农药生产企业、高新技术企业、农业科技"小巨人"企业，是一家集研发、制造、销售及技术服务于一体的现代化新型环保农药制剂企业。公司以"绿色发展理念"为指引，与河北农业大学、天津大学等多所高校深入合作打造企业技术创新平台。研发团队攻坚克难，七年磨一剑，开发出国际领先的农药制剂中有害溶剂替代技术——基于生物质溶剂的新型绿色无苯农药制剂关键技术，同时开发出农药制剂低成本纳米化技术，并将其均应用于规模化生产，开发出的10多款生物质溶剂乳油、生物质纳米化水乳剂、悬浮剂系列产品，广泛应用于北京、天津、河北、辽宁、山东等省市的农业、林果业、草原等病虫害防治，产品在发挥优异防效实现农药减量增效的同时，从根本上解决了传统农药制剂中含有大量苯系列溶剂带来的严重环境污染问题，持续为我国农林业高质量跨越式发展贡献力量。

二、纳入典范产品特征介绍

典范产品：25%灭幼脲悬浮剂

灭幼脲为我国独创产品，是一款优秀的绿色防控药剂，其通过抑制昆虫的几丁质合成酶，使害虫不能正常蜕皮而死亡，具有杀虫谱广、虫卵兼杀、持效期长、低毒安全等特点。全国年使用量数千吨，且有效用药量不断上升。

天发公司创新工艺生产的25%灭幼脲悬浮剂，不仅符合悬浮剂产品标准要求湿筛试验（通过44微米试验筛）≥98%，而且D90颗粒在3～5微米，原药颗粒细度大幅下降，使药剂有效成分表面积大幅增加。配方的改进，提高了产品的悬浮率、润湿布展性、耐冲刷性，使此产品药效提升15%～30%，符合目前农药减量、提质、增效要求。该产品已被纳入国家森防网采购目录，获评国家"十三五"梨树体系发展规划产品，已大规模应用于全国各地的森林飞防作业以及蔬菜、水果无公害、绿色产品虫害防控。2019年，本产品被评为河北省重点推荐植保产品。

联系人	段文岗	联系电话	13803239476
传　真	0317-5309666	电子邮箱	hbtfhg@163.com
通信地址	河北省沧州市高新区河北工业大学科技园3号楼501室	网　址	www.hbtf-swkj.com

沈阳化工研究院（南通）化工科技发展有限公司

一、单位概况

沈阳化工研究院（南通）化工科技发展有限公司成立于2006年9月27日，由中化农化有限公司、沈阳科创化学品有限公司、江苏宝灵化工有限公司共同出资设立。公司占地面积50亩，位于江苏省南通市国家级经济技术开发区。公司以质量为本，通过不断的科技进步为农业生产提供高效、安全的农化产品，使公司产品得到农户的认可，通过不断优化管理努力成为公众认可的有社会责任感值得信赖的企业。公司致力于成为中国农药加工行业在产品创新、生产都处于领先地位的高新技术企业，成为集约型、环境友好型的时代企业。

中化作物保护品有限公司是扬农化工的全资子公司，是其旗下农药制剂分销平台，国内分销产品包括除草剂、杀虫杀螨剂、杀菌剂、种衣剂、植物营养系列、助剂及植物生长调节剂六大品类。目前在中国拥有"扬农化工""南通科技""沈阳科创"南北三大生产基地，具备扬农化工的原药优势和沈阳农研公司的研发支持。

中化作物保护品有限公司致力于通过科学的种植综合管理，帮助种植者以高标准、高效率产出高产量、高品质作物，获得高收益！

二、纳入典范产品特征介绍

典范产品：腾收（45%烯肟·苯·噻虫悬浮种衣剂）

本产品有效成分是45%烯肟菌胺·苯醚甲环唑·噻虫嗪三元混配杀虫杀菌种衣剂产品，含有3项专利，分别是烯肟菌胺化合物专利、三元混配专利、成膜剂专利。本产品目前登记在小麦蚜虫、纹枯病，玉米丝黑穗病与蚜虫，花生登记正在进行中。本产品2018年上市，当年实现销售近百吨，近200万亩的处理面积，一举成为小麦市场的种衣剂明星产品。通过产品的高性价比，为农户节省了包衣成本，使得广大农户受益。在3年多的推广下，本产品以高口碑逐渐成为家喻户晓的种衣剂产品。

联系人	唐雅丽	联系电话	18616636169
传　　真	/	电子邮箱	tangyali@sinochem.com
通信地址	上海市浦东新区博城路567号4楼	网　　址	/

苏州富美实植物保护剂有限公司

一、单位概况

苏州富美实植物保护剂有限公司拥有世界一流的基础研发能力，致力于为全球种植者提供创新农业解决方案与应用技术，持续提升农业生产力和作物品质，全力推送绿色农业可持续发展。

公司全球农业解决方案拥有更加成熟的研发、更为广泛的产品，更深层次的开发，更多地区的服务，正在全球建设更多的生产基地，实现更全的营销体系，拥有更强的供应链系统，从而满足全球客户的需求，共同发展。

二、纳入典范产品特征介绍

典范产品：扑海因（500克/升异菌脲悬浮剂）

产品特点：

①高度安全。本产品对作物安全，对环境友好，对施药者安全，可用于作物的各种时期，特别是花期和幼果期，有效解决农户花期不敢用药的痛点问题。

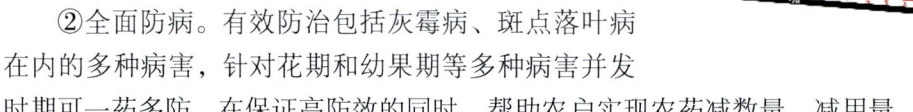

②全面防病。有效防治包括灰霉病、斑点落叶病在内的多种病害，针对花期和幼果期等多种病害并发时期可一药多防，在保证高防效的同时，帮助农户实现农药减数量、减用量。

③使用灵活。多作用位点，不易产生抗性，且对病原菌全生育期有效，是农户绿色可持续种植，抗性管理的优质选项。

④靓果保鲜。显著的靓洁果面效果，用于留树保鲜，延长采摘期以及采后保鲜，延长储藏期，贡献更多一级果。

联系人	张宁宁	联系电话	13439381765
传　　真	0512-62863900	电子邮箱	Jacky.zhang@fmc.com
通信地址	江苏省苏州市工业园区界浦路99号	网　　址	www.fmc.com/en

巴斯夫植物保护（江苏）有限公司

一、单位概况

巴斯夫的产品范围涵盖化学品、材料、工业解决方案、表面处理技术、营养与护理以及农业解决方案。2020 年巴斯夫全球销售额约 590 亿欧元，在全球拥有约 110 000 名员工。在农业解决方案业务领域，巴斯夫的产品组合包括杀菌剂、除草剂、杀虫剂和生物解决方案，以及种子和种子处理产品，辅以数字化产品以帮助农民提升产量。

巴斯夫植物保护（江苏）有限公司为巴斯夫集团在中国建立的植物保护剂产品生产厂，位于江苏省南通市如东沿海经济技术开发区洋口化学工业园的 2-01 地块，该地块总占地约 178 643.8 平方米。公司主要专注于巴斯夫公司农作物及植物保护产品——杀菌剂、杀虫剂和除草剂在亚太地区的研发、生产和销售，公司有相应的农药生产和经营资质，并持有在有效状态的农药生产许可证及经营许可证。

二、纳入典范产品特征介绍

典范产品：健达（42.4%唑醚·氟酰胺悬浮剂）

本产品是氟唑菌酰胺和吡唑醚菌酯的混配杀菌剂。氟唑菌酰胺为琥珀酸脱氢酶抑制剂，具有内吸传导作用，兼具保护和治疗活性，可防治多种作物上的多种真菌性病害。吡唑醚菌酯是甲氧基丙烯酸酯类活性成分，兼具预防作用和早期治疗作用，能有效控制白粉病、炭疽病和灰霉病等真菌病害，兼具促进植物健康作用。本产品持效期长，推荐剂量下对作物安全，可防治多种作物上的多种真菌性病害，并能够改善作物机能，增强作物的抗逆性。

联系人	孟祥杰	联系电话	15210198411
传　　真	010-56831753	电子邮箱	xiangjie.xj.meng@basf.com
通信地址	北京市朝阳区东三环北路霞光里18号佳程广场A座25层	网　　址	www.basf.com/cn/zh.html

江苏龙灯化学有限公司

一、单位概况

江苏龙灯化学有限公司位于昆山开发区龙灯路88号，2000年9月正式运作投入生产，主要从事作物保护剂及作物营养剂的研究开发、生产制造与销售工作。公司秉承"专业服务、质量第一、开拓创新、追求卓越"的经营理念，打造品牌化产品，在全国同行业排名处于领先的地位。

公司在2007年被评为江苏省外资研发机构，2008年通过CNAS国家实验室和德国GLP优良实验室认证，并被评为国家高新技术企业。2015年被评为江苏省重点研发机构和江苏省高新技术自主创新标准化试点，参与制定了28项国家标准、14个FAO/WHO国际标准。2018年获昆山及苏州市技能大师工作室称号。

二、纳入典范产品特征介绍

典范产品：爱增美（0.003%丙酰芸苔素内脂水剂）

本产品是一款对作物安全、环保的植物生长调节剂，使用过程中具有安全、高效的特点，实际生产中使用极低的剂量就可以满足作物健康生长的需要。同时，本产品的剂型为水剂，绿色无污染，对环境更加友好。

本产品的有效成分丙酰芸苔素内酯，是日本三菱化学以植物源的大豆甾醇为原料，采用专利加工工艺，使用医药级设备加工而成，具有高纯度、高活性、与作物亲和性好的特点，是满足生态环保要求的优质植物生长调节剂。

本产品在登记使用范围内，对生态环境和有益生物高度安全。上市10多年来，受到了广大用户的高度认可。

联系人	张迎春	联系电话	18962652575
传真	/	电子邮箱	ellazhang@rotam.com
通信地址	江苏省昆山市开发区龙灯路88号	网址	www.rotam.com

青岛瀚生生物科技股份有限公司

一、单位概况

青岛瀚生生物科技股份有限公司是经青岛市人民政府批准设立的高新技术企业，主要从事生物农药研制开发、原药生产合成、制剂加工复配、推广销售和技术服务，是中国农业农村部许可的农药生产企业。公司总部坐落于美丽富饶的海滨城市——青岛，总注册资本2.1亿元，拥有现代化农药生产基地4处，主要生产经营杀虫剂、杀菌剂、除草剂、植物生长调节剂及植物营养等五大系列300多个产品。公司依托高素质的科研队伍、先进的生产设备、完善的质保体系和遍及中国、欧美、东南亚等地的营销网络，形成集研发、生产、销售和服务为一体的综合运营体系，以市场为导向、以创新为动力、以人才为根本，不断开拓市场、研发产品，构建中国农药市场最佳营销模式，打造"瀚生"知名品牌，做中国一流农药化工企业。

二、纳入典范产品特征介绍

典范产品：每时乐（40%苯甲·嘧菌酯悬浮剂）

产品特点：
①杀菌谱广，一药多用，多种真菌病害统防。
②持效期长，降低用工成本。
③兼具保护和治疗活性，使用时间灵活。
④增加作物抗逆能力，改善作物品质和产量，延缓叶片衰老、减轻裂果。

本产品应用在稻麦类，表现为：白根多、分蘖多，叶片浓绿、茎秆粗壮抗倒伏，千粒重高、米色金黄、出米数多。应用在瓜果类，表现为：叶片浓绿、结果均匀、果面亮丽、单果重、糖度高。应用在辣椒，表现为：落花少、椒条长、产量高。应用在豇豆，表现为：豆粒饱满、结荚均匀、豇豆条直。

联系人	刘庆顺	联系电话	18366316699
传　真	/	电子邮箱	kfliuqingshun@sina.com
通信地址	山东省青岛市崂山区新锦路利群智信中心16楼1601	网　址	www.qdhansen.com

青岛金尔农化研制开发有限公司

一、单位概况

青岛金尔农化研制开发有限公司专业从事农用化学药剂研发、生产、销售,产品涉及农药原药、农药制剂、植保服务等相关领域。

历经数年的发展,公司已快速成长为一个拥有完善管理组织架构的大型企业,岗位分工明确,责任机制健全,管理制度完善,实现了企业管理的科学化和制度化。

二、纳入典范产品特征介绍

典范产品:靓润(45%肟菌酯·戊唑醇悬浮剂)

产品特点:

①广谱高效,绿色安全无公害,适用更多作物防治多种病害。

②科学配比,剂型先进,添加伤口修复因子,更高效、更安全、更便捷。

③健壮植株、提质增产。

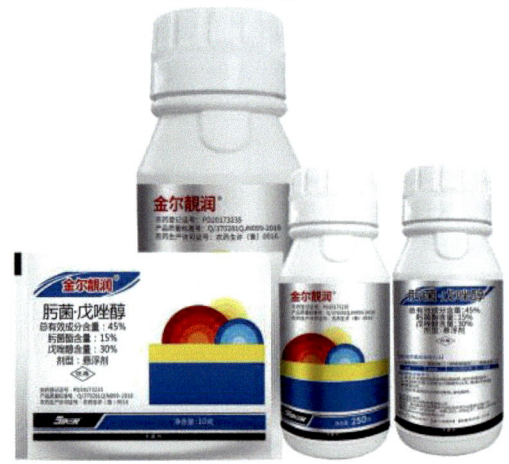

联系人	徐思龙	联系电话	15964451660
传　　真	0532-87293217	电子邮箱	xusilong8610@163.com
通信地址	山东省青岛市胶州市经济技术开发区胶州湾工业园金尔路1号	网　址	www.qingdaojiner.com

第一部分 生产试点单位

山东碧奥生物科技有限公司

一、单位概况

山东碧奥生物科技有限公司成立于2013年，是农药定点生产企业、山东省高新技术企业。公司专注于农药制剂的研发、生产和销售，拥有原药及制剂登记证近200个，产品有除草剂、杀虫剂、杀螨剂、杀菌剂及植物生长调节剂五大品类近300个品种，深受广大种植户的喜爱。在威海南海新区（山东省省级化工园区）拥有一个占地超过600亩、年产能超过10万吨的现代化生产基地，公司先后通过ISO 9001质量管理体系认证和ISO 14001环境管理体系认证；公司注重研发创新，和中国农业大学、山东农业大学、山东省农业科学院等多所院校及科研单位开展合作，在产品配方筛选、室内室外生测及新化合物的研发等多个方向重点投入，为差异化的证件储备及产品开发打下了坚实的基础。

二、纳入典范产品特征介绍

典范产品：金稻夫（28%噻呋·己唑醇悬浮剂）

产品特点：

本产品对担子菌纲微生物引发的病害有特效，如轮纹病、立枯病等。内吸性强，通过叶片或植物表面吸收，并在植物体内传导。安全性高，对作物很安全，在适用量下，在水稻孕穗扬花期也可以使用。

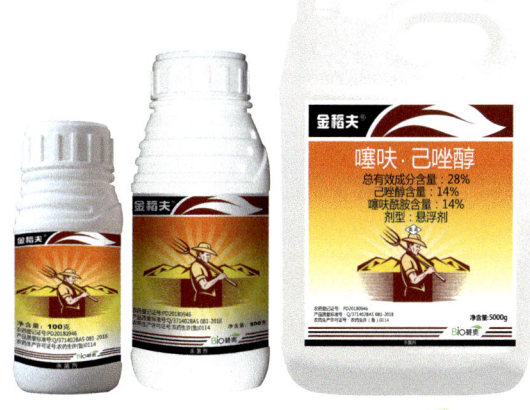

联系人	孙露	联系电话	18562765549
传　　真	0532-87293616	电子邮箱	421719693@qq.com
通信地址	山东省青岛市胶州市金尔路1号	网　　址	www.qingdaobio.com

山东康乔生物科技有限公司

一、单位概况

山东康乔生物科技有限公司成立于2009年，是一家以从事环境友好型农药为主营业务，集研发、生产、销售为一体的高新技术企业，业务遍布全球80多个国家和地区。现有员工300余人，硕博学历人才30余人。生产基地位于滨州市博兴县，属于省级化工园区，营销中心位于青岛市，在博兴县和青岛科技大学科技园分设两处研发中心。

公司主要生产吡唑醚菌酯、螺螨酯及噻呋酰胺原药及制剂，是3个产品原药及其制剂的行业标准起草单位，也是螺螨酯CIPAC标准制定单位。主打品牌盈彩和喜多金连续4年获植保产品贡献奖。公司注重HSEQ管理，把安全环保、职业健康、质量管控视为公司发展的基石，已通过质量、环境、职业健康安全三大管理体系认证。

康乔具有自主研发与合成新化合物的能力，博兴研发中心被认定为省级企业技术中心。现已申请专利近60项，获得发明专利授权33项，近几年承担国家项目3项。康乔致力于成为全球领先的植物健康产品供应商，与社会各界朋友和同行各企业共同发展，互惠共赢。

二、纳入典范产品特征介绍

典范产品：盈彩（25%吡唑醚菌酯悬浮剂）

本产品是采用康乔自有高纯度单一晶型高熔点吡唑原药、医用级净化水、进口分散剂助剂，使用自创五级串联研磨系统，研磨，匹配深度冷冻循环系统加工而成的纳米悬浮剂。杀菌谱广，应用广泛，能防治几乎所有类型真菌病原体引起的植物病害。15分钟即可到达靶标位置，迅速起效，而且持效期长达25天。安全性高，不刺激植物幼嫩部位，混配性好。省工省时，方便使用。作用机理独特，能调节植物内源激素的平衡，提高植物抵抗逆境的能力，对植物起到保健作用。同时促进氮素吸收，提高叶绿素含量，增加光合产物的积累，促进作物提质、增产增收。

联系人	朱明选	联系电话	18366735037
传　真	/	电子邮箱	registration@kangqiaobio.com
通信地址	山东省滨州市博兴县吕艺镇工业园	网　址	www.kqbiotech.com

山东中禾化学有限公司

一、单位概况

山东中禾化学有限公司位于山东省滨州市，是一家追求高品质、技术领先的苗后除草剂制造公司。公司拥有强大的研发团队，以技术为核心，聚焦苗后除草剂精品；以生产高品质产品为着力点，注重塑造持久品牌和营销质量；以创新为根本，以追求产品功能效果为目标，遵从差异化策略，关注用户需求，为广大客户创造更大价值。

公司众多除草剂精品已获得广泛赞誉，如汉狮1+1、耕笑等。

公司秉承"以优质产品服务客户，以开放平台成就员工，以绿色环境回报社会"的使命，实施创新驱动发展战略，开发优质产品，探索植保技术应用，持续改进生产经营管理过程，优化市场定位，致力于成为国内领先、国际知名的植保服务商，为促进农业丰收和社会进步而不懈努力。

二、纳入典范产品特征介绍

典范产品：追箭（200克/升草铵膦）

本产品自2015年取得登记投入生产，已做了严格的产品化学、药效、残留、毒理、环境做了量化依据的评估，由符合标准的草铵膦原药和必要的助剂加工而成，产品的指标、标志、标签和包装均符合国家标准。在推荐用量范围内施药，对柑橘园杂草有很好的防效，持久期较长，无药害现象发生，对作物生产安全，对耕地无影响，对后茬作物安全，生产上可大规模推广应用。低毒、低刺激、弱致敏，低残留。对非靶标植物影响小。不污染环境、不破坏生态、不危及人体健康。

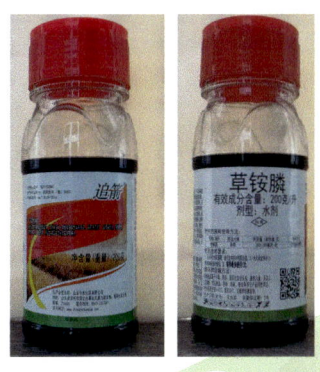

联系人	魏艳	联系电话	13854308761
传　　真	/	电子邮箱	bnkjdjb@163.com
通信地址	/	网　　址	/

四川润尔科技有限公司

一、单位概况

四川润尔科技有限公司是四川国光农化股份有限公司的全资子公司，负责技术研发和产品生产，是集团公司的"技术中心"。2020年9月公司获得成都市企业技术中心称号；2021年公司通过四川省企业技术中心考核。公司目前有原药登记证16个、制剂登记证102个、发明专利4项、实用专利29项。公司质管部是中国石油和化学工业联合会A级质检机构。2019年至今，公司参与了4项国家标准、3项行业标准的制定，参加了1项国家重点研发计划项目。公司将坚持母公司"做质量、做诚信、做品牌、做特色、做服务、做百年"经营理念，持续技术创新、优化产品结构、扩大产品产能，致力于满足我国农业现代化安全高效环保的需求，力争将公司建设为国内领先的植物生长调节剂研发制造基地。

二、纳入典范产品特征介绍

典范产品：国光贝稼（8%对氯苯氧乙酸钠可溶粉剂）

本产品的主要成分属于生长素类植物生长调节剂，活性较高，具有防止落花落果、提高坐果率、加速幼果生长发育、预防采前落果、提高产量、柑橘保鲜等作用。2015年，本产品获得原药登记和制剂登记，目前已在番茄、荔枝、杨梅、柑橘作物上获得登记，应用效果好。在番茄、荔枝上使用可提高坐果率；在杨梅上使用，可减轻采前落果；柑橘采后浸果可保鲜。

在柑橘保鲜上，本产品与2,4-滴结构相似，作用特点几乎相同，但其分解快，残留低，且对柑橘果实腐烂有一定的抑制效果，与其他效果良好的杀菌剂一起使用在储藏保鲜上效果会更好。除了采后储藏保鲜，本产品也广泛用于晚熟杂柑留树保鲜，可以预防采前落果和保鲜。近几年，本产品已作为国家柑橘保鲜技术研发专业中心采后生产投入品重点研究药剂，将采后投入品和机械分选技术配套，形成柑橘采后保鲜行业标准。

联系人	兰金珠	联系电话	18081681011
传　　真	028-66127933	电子邮箱	14916680@qq.com
通信地址	四川省成都市龙泉驿区北京路899号	网　　址	www.scggic.com

第二部分

应用试点单位

北京市广泰农场有限公司

一、单位概况

北京市广泰农场有限公司位于北京市房山区琉璃河镇务滋村，总占地220亩，种植面积210亩，建有自动化育苗温棚3座；1 500平方米的农产品加工车间，内有1 000平方米的恒温冷库。

公司主要从事初级农产品的种植、养殖、初加工、销售。基地主要种植品种有西兰花、娃娃菜、生菜、土豆、黄瓜、番茄、冬瓜等蔬菜。拥有先进的保鲜、加工、冷藏设备和规模化的操作流程以及加工、检测、贮藏技术。选用优良品种、使用现代化种植技术，以确保蔬菜科学生产和优质供应。

作为良好农业、绿色食品认证基地，公司从产品的育种到采摘全程管控，都科学、规范、合理地使用投入品，提供生态健康的农产品。

二、纳入典范产品特征介绍

典范产品1：西兰花

西兰花是基地主要种植品种之一。它是花菜的一种，又称青花菜。营养成分全面，食用价值高，素有"素菜皇冠"之称。

西兰花有预防癌症、保护肝脏、抗衰老、预防心血管疾病、稳定血糖等功效。

基地选用"耐寒优秀"作为种植品种，生长强势，叶片蜡质厚，叶柄短，花蕾小而紧密、鲜绿色。

典范产品2：娃娃菜

娃娃菜是一款蔬菜新品种，外形与大白菜一致，但外形尺寸仅相当于大白菜的四分之一，故被称为娃娃菜。

娃娃菜味道甘甜，富含维生素和硒，叶绿素含量较高，具有丰富的营养。娃娃菜还含有丰富的纤维素及微量元素，有利于增强抵抗力、促进消化。

基地选用"金龙黄"作为种植品种,每年种植上百亩。它外叶深绿,内叶鲜黄色,口感细腻润滑。

典范产品3:冬瓜

冬瓜为葫芦科植物,膳食纤维含量高,具有调节血糖、降血脂的功效。性寒味甘,清热生津,富含维生素C,钾盐含量高。

基地选择"黑优一号"作为种植品种,它生长旺盛,果实呈炮弹形,肉质紧密,表皮墨绿色。

联系人	李亚娟	联系电话	13269299656
传　　真	010-80395815	电子邮箱	2491095058@qq.com
通信地址	北京市房山区琉璃河镇务滋村	网　　址	/

北京慧田蔬菜种植专业合作社

一、单位概况

北京慧田蔬菜种植专业合作社成立于2013年3月，位于北京市房山区琉璃河镇周庄村。以"求特色发展、强技术支撑、保产品品质、富社员生活"为目标，主要生产设施蔬菜，品类以食用菊、叶菜和茄果类为主。基地面积130亩。已建成标准日光温室170栋，连栋温室6 000平方米。合作社蔬菜产量达450万千克。

本园区是国家级合作社、市级全程标准化基地、绿色防控基地、市级农业产业化先进单位、区级节水示范基地、区级设施蔬菜生产示范基地、GAP认证基地。

2017年房山区琉璃河镇周庄村因合作社的食用菊花而被认定为"全国一村一品示范村"。合作社2018年被评为国家级示范社，2019年被评为全国巾帼现代农业科技示范基地和北京科技小院。

二、纳入典范产品特征介绍

典范产品1：慧田莴苣

慧田莴苣，已通过绿色认证。生产过程中始终遵循"预防为主、综合防治"的植保方针，积极采用病虫害绿色防控技术，科学合理地使用植保用品，严格执行安全间隔期制度，优先采用农业防治、物理防治和生物防治，确需使用化学防治的则首选植物源、矿物源、微生物源等类别农药。配备物联网监控系统，采取水肥一体化技术，使基质可循环利用，降低成本，减少对环境的污染。优选生态环保植保用品，提升农产品产量和品质。

慧田莴苣选取优质品种，种植的莴苣集香气浓、肉翠绿、茎皮薄、质嫩脆、鲜艳、多汁、纤维少、抗病虫、产量高等特点为一身，是上乘佳品。

典范产品2:慧田食用菊

慧田食用菊品种和品质国内领先。现有食用菊品种13个,其中自有品种6个,是北京地区食用菊品种最全的种苗繁育基地。经过8年反复试验,食用菊采摘季可长达8个月,亩产可达近千斤。慧田食用菊被评为全国名特优新农产品,通过了绿色认证和GAP认证。菊花产业链初步形成。注册了"慧田菊花酿"和"皇家屯"商标,菊花饺子、菊花酿、菊花茶、菊花精油等菊花衍生产品陆续上市。

慧田食用菊花的种植技术已走在行业前列,目前合作社正积极收集新品种,推广种植,创建产品系列,满足市场多样化需求。

食用菊花除具有观赏价值之外,还有药用、饮用和食用经济价值。长期食用,还有利血气、轻身、延年的功效。

联系人	王诗慧	联系电话	13718107933
传　　真	/	电子邮箱	841790171@qq.com
通信地址	北京市房山区琉璃河镇周庄村	网　　址	/

融通农业发展（北京）有限责任公司

一、单位概况

融通农业发展（北京）有限责任公司主要经营项目包括：粮食作物、经济作物、草、林木的种植及销售；畜禽水产的饲养、养殖及销售；农副产品和食品的生产加工、仓储、物流、销售，以及进出口贸易；农业生产资料生产、销售及服务，农业科研及技术服务，农业金融服务，智慧农业管理服务，土地及房屋租赁；涉农观光旅游项目及非农项目开发建设、管理服务等。共23类65项经营内容。中国融通智慧农业科技示范基地隶属本公司的良乡基地管理公司负责运营，位于北京市房山区拱辰街道梨村，现有土地面积445.22亩，其中农业设施面积为58.51亩，分别为：连栋温室大棚1栋，占地面积12.99亩；球形温室大棚1栋，占地面积3亩；日光温室大棚25栋，占地面积42.52亩。

二、纳入典范产品特征介绍

典范产品1：艾伦黄瓜

该品种引自以色列，无限生长型，植株生长旺盛，节间短，坐瓜能力强，每节坐瓜1～2个，瓜长12～15厘米，圆柱形，瓜条墨绿色，光滑无刺，商品性好，口感佳，营养价值高，产量高。高抗霜霉病、白粉病，综合抗逆性能力强。

适宜温室大棚春秋、温室越冬栽培。

典范产品2：玲珑番茄

该品种引自以色列，属于中小果型特色口感番茄。无限生长类型，长势好，叶片大小中等，萼片舒展。果实粉红色，果实微绿肩，亮度好，果肉沙粒柔和，口感酸甜，糖度达7.5以上，风味独特，单果重100～150克。果实珠圆玉润，玲珑可爱，整体商品性特色突出，是有机绿色生产基地的绝佳品种。

适宜早春、秋延迟和越冬高效温室栽培。

典范产品3：布利塔长茄

布利塔长茄是由荷兰瑞克斯旺公司培育的高产抗病耐低温优良品种。该品种植株开展度大，无限生长，花萼小，叶片中等大小，无刺，早熟，丰产性好，生长速度快，采收期长。适于日光温室、大棚多层覆盖越冬及春提早种植。果实长形，长25～30厘米、直径6～8厘米，单果重400～450克，紫黑色，质地光滑油亮，绿萼，绿把，比重大，味道鲜美，耐储存，商品价值高。正常栽培条件下，亩产18 000千克以上。

适宜早春、秋延迟和越冬高效温室栽培。

联系人	马全喜	联系电话	15210417566
传　　真	/	电子邮箱	/
通信地址	北京市房山区拱辰街道梨村（中国融通智慧农业科技示范基地）	网　　址	/

北京颐景园种植专业合作社

一、单位概况

北京颐景园种植专业合作社是无公害、绿色及 GAP 认证基地,同时也是农业农村部蔬菜绿色高质高效示范基地、市级全程标准化、市级种植业生态园和国家级示范合作社。基地面积 90 亩,主要生产设施蔬菜,品类以茄果类、瓜类、豆类、西甜瓜、草莓等为主。园区所有蔬菜产品生产过程中始终遵循"预防为主、综合防治"的植保方针,积极采用病虫害绿色防控技术,科学合理使用植保用品,严格执行安全间隔期制度,优先采用农业防治、物理防治和生物防治,确需使用化学防治的则首选植物源、矿物源、微生物源等类别农药。在推进全程质量管控基础上,根据不同种类蔬菜病虫害发生规律和特点,制订相应植保技术方案,优选生态环保植保用品,减少农药施用量,提高农药利用率,改善产地生态环境质量,提升农产品产量和品质,保障上市农产品符合绿色、安全、优质、营养、健康标准。

二、纳入典范产品特征介绍

典范产品1:红颜草莓

合作社根据红颜草莓自身生长的特点和规律,制定了相应的植保方案,优先采用了农业防治、物理防治(如黄板、蓝板、防虫网等)和生物防治(如害虫天敌捕食螨、瓢虫等)等类别用药,使草莓植株长势强、株态较直立、抗寒性较强。草莓的质量安全及品质得到了有效提升。

典范产品2：京彩8号番茄

合作社种植的京彩8号在生产过程中始终遵循"预防为主、综合防治"的植保方针，积极采用病虫害绿色防控技术科学合理使用植保用品，严格执行安全间隔期制度，优先采用农业防治、物理防治（如黄板、蓝板、防虫网等）和生物防治（如害虫天敌捕食螨、瓢虫等），如需使用化学防治的则首选植物源（如天然除虫菊素、藜芦碱等）、矿物源（如石硫合剂、氢氧化钙等）、微生物源（如乙基多杀菌素、氨基寡糖素、香菇多糖等）等类别农药，精准用药，秧苗长势强壮，果形饱满，果实口感粉糯且酸甜度适宜，有独特的香气。

典范产品3：京甜3号甜椒

合作社种植的京甜3号甜椒在生产过程中始终遵循"预防为主、综合防治"的植保方针，积极采用病虫害绿色防控技术科学合理使用植保用品，严格执行安全间隔期制度，优先采用农业防治、物理防治（如黄板、蓝板、防虫网等）和生物防治（如害虫天敌捕食螨、瓢虫等），如需使用化学防治的则首选植物源（如天然除虫菊素、藜芦碱等）、矿物源（如石硫合剂、氢氧化钙等）、微生物源（如乙基多杀菌素、氨基寡糖素、香菇多糖等）等类别农药，精准用药。甜椒植株体粗壮而高大，果梗直立或俯垂，果实饱满。

联系人	尹小杰	联系电话	13381209360
传　真	010-69386898	电子邮箱	807493520@qq.com
通信地址	北京市房山区大石窝镇北尚乐村	网　址	/

北京玉树种植专业合作社

一、单位概况

北京玉树种植专业合作社是无公害、绿色及 GAP 认证基地,同时又是市级种植业生态园、市级现代农业产业园试点和全国农产品质量安全与健康科普生产经营主体。基地面积 200 亩,主要生产设施蔬菜,品类以茄果类、瓜类、甘蓝类、豆类、绿叶类等为主。园区所有蔬菜产品生产过程中始终遵循"预防为主、综合防治"的植保方针,积极采用病虫害绿色防控技术,科学合理使用植保用品,严格执行安全间隔期制度,优先采用农业防治、物理防治和生物防治,如需使用化学防治的则首选植物源、矿物源、微生物源等类别农药。在推进全程质量管控基础上,根据不同种类蔬菜病虫害发生规律和特点,制定相应植保技术方案,优选生态环保植保用品,减少农药施用量,提高农药利用率,改善产地生态环境质量,提升农产品产量和品质,保障上市农产品符合绿色、安全、优质、营养、健康标准。

二、纳入典范产品特征介绍

典范产品1:京研309番茄

本产品在生产过程中始终遵循"预防为主、综合防治"的植保方针,积极采用病虫害绿色防控技术科学合理使用植保用品,严格执行安全间隔期制度,优先采用农业防治、物理防治(如黄板、蓝板、防虫网等)和生物防治(如害虫天敌捕食螨、瓢虫等),如需使用化学防治的则首选植物源(如天然除虫菊素、藜芦碱等)、矿物源(如石硫合剂、氢氧化钙等)、微生物源(如乙基多杀菌素、氨基寡糖素、香菇多糖等)等类别农药,精准用药。秧苗长势强壮,果实饱满,产量也大幅提升。

第二部分 应用试点单位

典范产品2：京甜3号甜椒

本产品在生产过程中始终遵循"预防为主、综合防治"的植保方针，积极采用病虫害绿色防控技术科学合理使用植保用品，严格执行安全间隔期制度，优先采用农业防治、物理防治和生物防治，如需使用化学防治的则首选植物源（如天然除虫菊素、藜芦碱等）、矿物源（如石硫合剂、氢氧化钙等）、微生物源（如乙基多杀菌素、氨基寡糖素、香菇多糖等）等类别农药，精准用药。甜椒植株体粗壮而高大，果梗直立或俯垂，果实饱满，产量提升。

典范产品3：京茄3号圆茄

本产品在生产过程中始终遵循"预防为主、综合防治"的植保方针，积极采用病虫害绿色防控技术科学合理使用植保用品，严格执行安全间隔期制度，优先采用农业防治、物理防治和生物防治，如需使用化学防治的则首选植物源（如天然除虫菊素、藜芦碱等）、矿物源（如石硫合剂、氢氧化钙等）、微生物源（如乙基多杀菌素、氨基寡糖素、香菇多糖等）等类别农药，精准用药。秧苗长势强壮，果实饱满，产量也大幅提升。

联系人	王立苹	联系电话	15901331427
传　　真	010-61386898	电子邮箱	807493520@qq.com
通信地址	北京市房山区大石窝镇辛庄村	网　　址	/

北京正欣荣泰农业发展有限公司

一、单位概况

北京正欣荣泰农业发展有限公司位于北京市房山区韩村河郑庄村东 200 米处，以无公害蔬菜种植为主要经营方向，占地 220 亩。设施用地 170 亩、日光温室 20 栋，用于无公害蔬菜种植；大田用于种植小麦、玉米、杂粮等纯绿色农产品。

本公司引进有市场潜力的"NT 系列"番茄、"迷你"黄瓜，推广使用充分腐熟的农家有机肥，严格控制用量和施用时期，大力推广蔬菜绿色防控技术，全面提倡合理、轮种、套作，减少病虫害的发生，增加蔬菜产量，禁止植物生长激素和保鲜剂的使用，提倡自然生长成熟，降低产品污染，确保蔬菜品质。

二、纳入典范产品特征介绍

典范产品1：番茄

色泽鲜艳，果汁多，酸甜可口，营养丰富，别有风味。由于基地处于得天独厚的地理位置，所以种植出的番茄品相好、营养价值高。

典范产品2:黄瓜

本基地种植的黄瓜口感清脆爽口、味道清香,含有丰富的维生素。海阳白玉黄瓜在海阳栽培有上百年的历史,品质好,深受消费者青睐,具有较高的推广价值。植株生长势强,叶色浅绿。以主蔓结瓜为主,第一雌花着生在第四节前后。瓜条圆筒形,粗细均匀,长18厘米左右,单瓜重200克左右,瓜色浅白绿色,有光泽,无棱沟,刺瘤少,果肉白色,质脆,口味佳。

典范产品3:京甜3号甜椒

本基地种植的京甜3号甜椒积极采用病虫害绿色防控技术,科学合理使用植保用品,严格执行安全间隔期制度,优先采用农业防治、生物防治和物理防治,精准用药。甜椒植株体粗壮而高大,果实饱满,产量提升。甜椒果实中含有极其丰富的维生素和辣椒素,更易于人的吸收和身体健康。

联系人	范玉涛	联系电话	13439860755
传　　真	/	电子邮箱	zhengxinrongtai@163.com
通信地址	/	网　　址	/

北京本忠盛达农业专业合作社

一、单位概况

北京本忠盛达农业专业合作社的生态园是以生态农业为基础，以科学技术作支撑，以低碳环保、循环高效的理念为标准的园区，公司先后完成了对辣椒、茄子、草莓、西葫芦、黄瓜、番茄等蔬菜水果的绿色认证及无公害认证；园区产出的蔬菜和水果以品质上乘、口感优秀、营养丰富等特点而深受消费者的赞赏。园区蔬菜水果的种植生长过程中坚持的种植原则是：肥料全部采用有机肥、生物菌肥作为主要肥料；采取物理、生物方法为主结合生物制剂等防虫防病；园区全部通过人工除草，不使用化学除草剂；土壤已做灭菌处理；杜绝使用转基因品种。

二、纳入典范产品特征介绍

典范产品1：黄瓜

园区的黄瓜在种植之前，撒施纯羊粪作为底肥。羊粪中含有丰富的有机质、氮磷钾和植物所需的钙镁等微量元素，营养全面，肥效作用时间长，为黄瓜的高产、优产打下了坚实的基础。以本园区为例，黄瓜暖棚撒施底肥为羊粪2 500千克，随后进行深耕，使羊粪与土壤充分混合后，再进行打垄栽苗。

在黄瓜生长过程中追施大量元素水溶肥料，根据黄瓜的生长情况，将大量元素水溶肥料进行水溶，利用水肥一体化设备将水溶肥冲施到黄瓜根部。一般情况下每亩用量在5～7千克，因为这种肥料具有高纯度、全水溶、全营养、不含激素等特点，特别适合水肥一体化农业施用，而且该肥料采用的是全新螯合技术处理，能使养分保持离子状态，更好地促进养分平衡、吸收，不产生拮抗，有效防止作物缺素和营养过剩的情况。

典范产品2：草莓

草莓是一种在种植过程中要特别注重肥水管理的作物，如果肥水管理不当，对草莓的产量和品质都会造成非常不好的影响。草莓在栽苗之前应该施足底肥。本园区草莓在种植之前，在草莓棚施入羊粪3 000千克，随后进行深翻，在草莓的生长过程中每间隔6～10天冲施一次大量元素水溶肥，每亩用量控制在3～5千克，在具体过程中可以根据草莓的长势进行适当的调整。

除大量元素水溶肥之外，在草莓生长过程中还搭配使用微生物菌剂。这种菌剂能提高土壤活性，增强根系的吸收能力，提高草莓的抗病能力。

在草莓种植过程中，营养方面做到施足底肥、适时施肥、均衡施肥、合理追肥，一定能达到丰产、优产的目的。

联系人	王永生	联系电话	13911701903
传　　真	/	电子邮箱	422510321@qq.com
通信地址	/	网　　址	/

北京海华文景农业科技有限公司

一、单位概况

北京海华文景农业科技有限公司是海华集团旗下的循环农业成果转换基地,位于密云区北庄镇朱家湾村,北邻密云水库上游的清水河畔,地处国家二级水源保护区内,四面环山,环境优美。农场占地面积共400余亩,拥有127个设施农业大棚,主要种植黄瓜、番茄、草莓、葡萄等30多种果蔬作物。

农场秉承种养结合的有机循环种植模式,坚持使用自有牛粪发酵的有机肥作为农作物生长的肥料,运用滴灌技术输入液体肥(沼液),农场里的农业废弃物还可以回收作为很好的有机肥生产原料。另外,有机肥的使用还能够改良农场土壤的理化性质,增强土壤保水、保肥、供肥的能力,从而提高产品的质量与产量,经过十余载土壤的润养与改良,农场的产品连续多次获得了国家绿色食品和无公害认证。

二、纳入典范产品特征介绍

典范产品1:草莓番茄

草莓番茄,也叫铁皮番茄、绿腚番茄,是一种带青肩的番茄品种类型,这类型的品种单果重80~150克,口味非常出众,营养丰富,口感甜酸,非常适宜鲜食。北京海华文景农业科技有限公司草莓番茄种植面积为4 000平方米,全年种植,年产量可达9 000千克。

在草莓番茄的种植过程中底肥的施用非常重要,及时为番茄施足底肥,才能满足其生长的养分需求。在选择底肥的时候,使用完全腐熟的优质有机肥,主要以沼渣为主,根据土壤质量、番茄品种和栽培时期的不同,沼渣使用量约为每年每亩施10吨。将有机肥均匀撒施在地里,然后进行翻耕起垄,翻耕深度选在30厘米左右,提高番茄田间土壤的透气性和疏松性,促进番茄的生长,帮助番茄根深苗壮。此外,还要注意氮、磷、钾及中微量元素的肥料使用,后期添补施用氮、磷、钾各种水溶肥,为番茄的生长提供营养,提升番茄的口感和商品性。

通过有机方式种植出的草莓番茄果形美观,果色粉红带青肩,风味独特,味浓质优,深受消费者欢迎。

典范产品2:长刺黄瓜

北京海华文景农业科技有限公司黄瓜种植品种为中农26号,种植面积为2 000平方米,全年种植,年产量可达7 500千克。

在长刺黄瓜种植过程中,始终坚持全年用肥中有40%~60%是有机肥,主要以沼渣为主,每年每亩的使用量约为10吨。有机肥的施用能够改善土壤、恢复土壤团粒结构、增加土壤通透性,可以减弱在黄瓜种植过程中由大水、大肥带来的土壤酸化、表层土壤盐渍化、根结线虫严重、病虫害增加等现象。后期补施氮、磷、钾各种水溶肥,作为黄瓜施肥过程中的追肥,主要用于促进黄瓜生长,提高产量。

通过有机方式种植的黄瓜具有生长势强、节成性好、瓜条发育速度快的特点,口感好,产量高,持续结果能力强。

典范产品3:红颜草莓

红颜草莓又称红颊,是章姬与幸香杂交育成的早熟栽培品种良种。北京海华文景农业科技有限公司红颜草莓种植面积为3 400平方米,每年秋季育苗,冬季与次年春季进行采收,年产量可达10 000千克。

红颜草莓植株直立高大、长势强,叶片大且厚、绿色有光泽,根系生长能力和吸收能力强。果实整齐且大,呈圆锥形,果面深红色,富有光泽,果肉较细,甜酸适口,香气浓郁,品质优,商品率高,平均单果重为25克左右。

在每年定植前15~20天施入经过充分腐熟的有机肥约每亩15吨,耕翻施入。定植后保持垄面湿润,直到幼苗成活。后期施加氮、磷、钾水溶肥。在植株管理过程中及时摘除老叶、病叶、枯叶,在成活10~15天后追施1次氮肥,一个半月后选留4~5片新叶,追施钾肥,覆盖黑色或银黑双色地膜。

联系人	魏东	联系电话	15810808969
传　真	/	电子邮箱	99726282@qq.com
通信地址	北京市密云区北庄镇朱家湾村蜗牛小镇	网　址	/

北京南山农业生态园有限公司

一、单位概况

北京南山农业生态园有限公司打造了以生态农业为基础，以科学技术为支撑，以低碳环保、循环高效的理念为标准的园区。公司先后完成了对辣椒、茄子、草莓、西葫芦、黄瓜、番茄等蔬菜水果的绿色认证。园区蔬菜先后以优质蔬菜的身份荣登《星光大道》《智慧树》栏目宣传，园区产出的蔬菜和水果以品质上乘、口感优秀、营养丰富而深受消费者的赞赏。园区蔬菜水果的种植生长过程中坚持的种植原则是：肥料全部采用有机肥、生物菌肥作为主要肥料；采取物理、生物方法为主结合生物制剂等防虫防病；园区全部通过人工除草，不使用化学除草剂；土壤已做灭菌处理；杜绝使用转基因品种。

二、纳入典范产品特征介绍

典范产品1：黄瓜

园区的黄瓜种植在种植之前，撒施纯羊粪作为底肥。羊粪中含有丰富的有机质、氮磷钾和植物所需的钙镁等微量元素，营养全面，肥效作用时间长，为黄瓜的高产、优产打下了坚实的基础。以本园区为例，黄瓜暖棚撒施底肥为羊粪 2 500 千克，随后进行深耕，使羊粪与土壤充分混合后，再进行打垄栽苗。

在黄瓜生长过程中追施大量元素水溶肥料，根据黄瓜的生长情况，将大量元素水溶肥料进行水溶，利用水肥一体化设备将水溶肥冲施到黄瓜根部。一般情况下每亩用量在 5~7 千克，因为这种肥料具有高纯度、全水溶、全营养、不含激素等特点，特别适合水肥一体化农业施用，而且该肥料采用的是全新螯合技术处理，能使养分保持离子状态，更好地促进养分平衡、吸收，不产生拮抗，有效地防止作物缺素和营养过剩的情况。

典范产品2：草莓

草莓是一种在种植过程中要特别注重肥水管理的作物，如果肥水管理不当，对草莓的产量和品质都会造成非常不好的影响。草莓在栽苗之前应该施足底肥。本园区草莓在种植之前，在草莓棚施入羊粪 3 000 千克，随后进行深翻，在草莓的生长过程中每间隔 6~10 天冲施一次大量元素水溶肥，每亩用量控制在 3~5 千克，在具体过程中可以根据草莓的长势进行适当的调整。

除大量元素水溶肥之外，在草莓生长过程中还搭配使用微生物菌剂。这种菌剂能提高土壤活性，增强根系的吸收能力、草莓的抗病能力。

在草莓种植过程中，营养方面做到施足底肥、适时施肥、均衡施肥、合理追肥，一定能达到丰产、优产的目的。

联系人	郝晓建	联系电话	15300079973
传　真	/	电子邮箱	870286895@qq.com
通信地址	/	网　址	/

北京泰民同丰农业科技有限公司

一、单位概况

北京泰民同丰农业科技有限公司成立于2013年，公司位于河南寨镇两河村，基地实现了全程机械化、水肥一体化。基地设有专业的技术人员及管理人员，从业人员均经过统一技术培训，按照统一生产规程作业，已被评为密云区区级示范基地。

基地主要生产鲜食玉米和甘薯，该基地属于三优田示范基地、北京市农业技术推广站示范基地、绿色认证基地。基地采用生物防治病虫害，沼液做基肥，不使用农药和化肥。鲜食玉米有鲜嫩多汁的水果玉米、唇齿留香的糯玉米、香甜可口的甜糯玉米，均优选国内优质品种，口感良好，非转基因。甘薯基地主要起示范和试验作用，多种试验同时进行，从国内外引进并培育甘薯试验品种500多个。

基地使用北斗导航自动驾驶，以及无人驾驶机械化起垄（覆膜）铺带、起垄覆膜机铺地膜、铺设滴灌管灌溉等多种先进技术。筛选出口感好、有特点的农产品与当地电商合作销售，并开放线下采摘。种植农产品味道甜美，全程采用绿色防控标准，为消费者提供了从种植到收获再到餐桌安全、美味、健康的新鲜食材，近几年越来越受到广大消费者喜爱。

二、纳入典范产品特征介绍

典范产品1：甘薯

甘薯对于土壤的要求非常高，除要求土层深厚、疏松以外，还要养分肥沃适当，才能源源不断地供给甘薯所需的养分，使其地上部和地下部协调生长。基地为沙壤土，虽保证了土层深厚、疏松，但有机质含量低。为此，自2014年起，基地开始在种植前使用生物肥料——含65%有机质同时富含2亿/克的复合菌群进行调理，在甘薯起垄前用抛肥机械每亩撒施1吨此种肥料，经过连续几年的使用，经测定，土壤有机质含量有了明显提高，甘薯产量及口感都有大幅度的改善。

中微量元素肥料对甘薯产量和品质会有很大的影响。土壤中中微量元素匮乏会导致甘薯维生素C含量下降，可溶性糖含量降低，淀粉、粗蛋白含量减少，大大影响甘薯的产量和品质。

经过几年的产品筛选与对比试验，最终基地选择了由张家口特有的成土母岩通过2 800℃煅烧及高温蒸养工艺并添加2亿个/克的复合菌群制成的主要成分为氧化钾（4%）、氧化钙（25%）、二氧化硅（20%），同时富含72种微量元素的土壤调理剂。此产品在甘薯种植中每亩使用量为40千克，施用方式为底施。施用后甘薯的生理性病害大大减轻，产量提高了15.1%。经测定，维生素C、可溶性糖、淀粉及粗蛋白都有了明显的增加，甘薯表皮更加光滑，大大地提高了商品率。

第二部分 应用试点单位

甘薯膨大期是甘薯急速需肥时期，为保证甘薯的养分供应，在施足底肥的情况下此时期要进行叶面喷施肥料，提高甘薯产量及增强甘薯抗逆能力。园区选用以新鲜动物血液为原料，采用韩国先进技术生产的含17种氨基酸高效生物活性肥料——脉动24，是绿色、无公害、有机农业种植的首选产品，在雾霾、低温条件下农作物仍能对其高效吸收。在作物生长的中后期，可将脉动24稀释300～400倍液进行叶面喷施。一般10～15天喷施一次。脉动24是以动物血液为原料，有机补铁效果好。甘薯使用2次后，味道纯正鲜美。

联系人	安立辉	联系电话	13811197356
传　　真	010-89012005	电子邮箱	434389615@qq.com
通信地址	/	网　　址	www.mygsgz.com

北京亿亩地农业发展集团有限公司

一、单位概况

北京亿亩地农业发展集团有限公司成立于2017年，注册资金5 000万元，是一家集绿色种植、文化旅游、养老养生为一体的多元化产业集团。亿亩地园区位于密云区东邵渠镇西邵渠村，占地面积110亩，在职员工35人，现有温室大棚52栋、春秋棚22栋，主要种植蔬菜、水果等农作物，全年种植蔬菜品种超过80余种，涵盖果菜类、花菜类、根茎类、地上茎类、叶菜类等，水果以草莓、甜瓜为主，全年产量400～500吨，年产值700万～800万元。集团以亿亩地品牌为核心，依托于中国农业科学院技术支持，打造高品质绿色农产品，现有会员1 200余个，园区可承接个人、团体采摘休闲活动，以及开办家庭农场等休闲农业开发项目。

二、纳入典范产品特征介绍

典范产品1：番茄

园区定植的是土耳其番茄，该品种具有肉厚多汁、酸甜爽脆、口感突出等特点，定植前15～20天，棚内施腐熟有机肥（牛羊粪）5吨，起到改善土壤、防治土壤板结等作用，施芭田有机肥30千克，施肥后深耕耙平浇透水，定植株距35厘米，每亩定植3 500株，待植株长至40～50厘米时吊绳。为保证产量与口感，采用熊蜂授粉，待每穗果长到核桃大小时，选用海发德欧平衡冲施肥10千克追肥，起到保花增产效果。此款冲施肥氮磷钾利用率较高，壮苗膨果效果显著。待果实成熟时，施以海发德欧3号高钾冲施肥10千克，可增加果实糖度。

典范产品2：阿鲁斯网纹瓜

园区定植的阿鲁斯网纹瓜果肉软糯细腻，香味浓郁扑鼻，糖度稳定在15度以上。定植前15～20天，棚内施腐熟有机肥（牛羊粪）5吨、芭田有机肥30千克，施肥后深耕耙平浇透水，起垄定植株距40厘米、行距140厘米，双行标准定植。当甜瓜长到30～35厘米后吊绳，摘除老叶及部分雄花等。定植后30天可追肥，施以海发德欧平衡冲施肥10千克，在12~15片叶时留瓜。授粉在上午8：00—10：00进行，当甜瓜长到鸡蛋大小时，浇大水，促进膨果，裂纹期间控制好温湿度，采收前进行控水，防止炸瓜。

典范产品3：生菜

园区定植特色生菜包含紫直立生菜、彩色生菜、紫球生菜、奶油生菜等，紫叶生菜观赏性且营养价值高，含有花青素，有抗衰老及抗癌的功效。定植前棚内施腐熟有机肥（牛羊粪）5吨，起到改善土壤、防治土壤板结等作用，施芭田有机肥30千克，施肥后深耕耙平，根据气候情况及栽培方法，选择适宜播种期，定植15天缓苗后可施以海发德欧平衡冲施肥20千克追肥，生长期可增加黄蓝板及杀虫灯，有效防治蚜虫及蛾类。

联系人	王志刚	联系电话	15811237737
传　真	/	电子邮箱	610543012@qq.com
通信地址	北京市密云区东邵渠镇西邵渠村南1 500米亿亩地	网　　址	/

平泉市党坝镇围场沟村土地股份合作社

一、单位概况

围场沟村位于平泉市南部,距离市区 30 千米,南邻大吉口,以西是一片浑圆平缓的火山岩地带,高出地面几十米,像是绽放的两朵大荷花,很是美观。在大吉口村以东以北的火山岩中间有一条南北走向的长沟,此沟原称明安沟,现名为围场沟,这个名字是因清朝康熙年间皇帝在此行猎而得来。围场沟长约 4 千米,沟内沟岔纵横,夏秋之季溪水淙流,清净无比,山上有柞树、桦树、椴树、榆树、松树等林木,多种动物在此繁衍生息,是一处天然的狩猎场所。传说康熙在此打猎时就住在老百姓用土石搭建的空房子里,那时候老百姓把这种空房子叫窝铺,皇帝走后这个小村庄就改名叫"窝铺沟"。合作社于 2016 年成立,就建立在皇帝曾经住过的"窝铺沟"。股民 1 038 人,土地入股 3 186 亩、注入股金 601.37 万元,现合作社总资产 841.73 万元。本合作社暖棚大樱桃占地 8.4 公顷,樱桃种类有黄蜜、红蜜、车厘子、沙皮豆;苹果占地 53.33 公顷,品种有月宴、月观、夕阳红、国光;大白梨 60.67 公顷;山楂 13.33 公顷。

二、纳入典范产品特征介绍

典范产品1:黄蜜大樱桃

大樱桃是目前我国樱桃栽培面积较大的早熟优良品种,商品性高,又是优良的授粉树种,花白色,花期一周,果实中等大小,平均单果重 5.5~7.5 克,最大可达 11 克,心形,稍扁,果梗中长而细,易脱落,果皮成熟后紫红色,较薄,具光泽,不易裂果,果肉浅红色或红色,细嫩多汁,味甜,具芳香,可食率高达 97%。

大樱桃果实发育周期短,生长期间不需喷药,农家肥助力,果实无农药污染,是绿色保健食品。

典范产品2：车厘子

树姿秀丽，花早色艳，果实呈暗红色，果实硕大，坚实而多汁，入口甜美，果肉细腻，果汁略呈粉红色。营养丰富，含碳水化合物、蛋白质、钙以及多种维生素。果实发育周期短，在生长期不需喷药，果实无农药污染，是纯绿色保健食品。

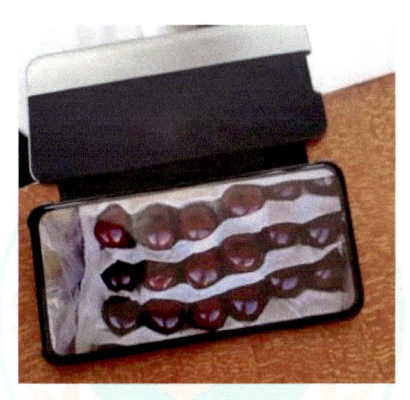

典范产品3：月宴苹果

月宴苹果营养价值很高，含有多种维生素、脂质、矿物质、糖类等。苹果的施肥种类为纯农家肥，从开花到果熟不喷农药，果实没有农药污染，是纯绿色保健食品。

联系人	商玉梅	联系电话	15031691895
传　真	/	电子邮箱	348173086@qq.com
通信地址	河北省承德市平泉市党坝镇围场沟村	网　　址	/

贵州民远华慧生态农业有限公司

一、单位概况

贵州华慧农业从2003年开始从事蔬菜种植行业，并于2011年成立贵州民远华慧生态农业有限公司。现有核心蔬菜基地3个，总面积600余亩。本着让广大市民吃上安全、放心的蔬菜为宗旨，公司以发展绿色（有机）蔬菜为主，是集农业技术研究、推广，以及农产品种植、加工、销售于一体的农业企业。基地常年种植20余个蔬菜品种，曾先后获得多个绿色食品认证及有机认证。

公司基地种植的蔬菜产品主要为速生蔬菜、特色蔬菜、药食两用类蔬菜。基地从生产到销售的各个环节严格执行公司制定的生产操作规程，严格把控投入品使用，年产高品质蔬菜2 000吨左右，年产值500余万元。公司基地是贵州省农业科学院园艺研究所蔬菜新品种试验推广示范基地、贵州省蔬菜产业体系试验基地、贵阳学院产学研合作基地等，常年与各大院校合作，进行蔬菜新品种引进试验、高效栽培模式试验示范、野菜驯化试验、果蔬套种模式试验等，为企业及贵阳蔬菜产业的发展奠定良好基础。

二、纳入典范产品特征介绍

典范产品1：紫背天葵

紫背天葵口感鲜嫩，营养丰富，富含微量元素铁。

公司采用大棚育苗种植紫背天葵，撒施有机肥，不施农药，确保蔬菜品质及安全性。

典范产品2：养心菜

养心菜具有养心、平肝、降血压、降血脂，以及防止或延缓血管硬化等功效，是一种理想的保健蔬菜。

典范产品3：叶用甘薯

公司所种植的甘薯品种是以采收甘薯叶为主的特殊品种。甘薯叶有很多功效，如提高免疫力、保护视力、延缓衰老、解毒等。

联系人	龙超华	联系电话	13985034422
传　真	/	电子邮箱	Mk2013@qq.com
通信地址	贵州省贵阳市清镇市红枫湖镇芦荻哨村华慧蔬菜基地	网　址	/

北京泰华芦村种植专业合作社

一、单位概况

北京泰华芦村种植专业合作社创立的"芦西园"都市型现代农业产业成立于2009年，基地位于北京市房山区窦店镇芦村河西，园区种植面积1 200亩，建设了高标准的日光温室、连栋温室、冷库加工车间、集约化育苗温室、产品初加工厂房、检测室等配套设施。目前合作社已分区域获得无公害、绿色、有机、GAP认证。合作社获评国家级农民专业合作社示范社、全国种植业产品质量可追溯制度建设暨良好农业规范（GAP）认证示范基地、科技套餐工程都市型现代农业示范基站，农村实用人才教学参观示范点、北京市京郊旅游特色业态采摘篱园等荣誉称号。合作社注册的"燕都泰华"商标获得了农业农村部授牌的一村一品示范蔬菜品牌。合作社通过订单产销合作、会员配送、电子商务等方式，将所有产品全部供给北京市场，得到了广大市民和会员的认可。

二、纳入典范产品特征介绍

典范产品1：芦西园草莓

草莓是生活中必不可缺的一种水果，含有丰富的维生素C，老少皆宜。芦西园的草莓已获得了绿色认证，在草莓种植中集成了全程标准化管理措施和全程绿色防控技术体系。在草莓生长全过程中，采用土壤深翻改良、农家肥腐熟发酵、蜜蜂授粉、天敌防治等手段，遵循植物生长规律，运用现代技术手段保护每个草莓都在自然、生态的环境中成熟，果实圆整饱满，颜色鲜亮，纯绿色无污染。

典范产品2：芦西园黄瓜

黄瓜肉质脆嫩，汁多味甘，生食生津解渴，有清热、解渴、利水、消肿之功效且有特殊芳香。合作社的黄瓜已分区域获得绿色、有机、GAP认证。种植的土壤采用轮作休耕的方式，底肥全部使用腐熟的有机肥，采用天敌防治、黄蓝板等措施解决害虫问题，适量使用微生物、植物提取液等措施解决病害问题，坚决不使用有危害性的化学农药。采用统一购买生产资料、统一种苗、统一技术指导、统一生产标准、统一包装销售、统一产品品牌的"六统一，六服务"现代化管理模式，确保产品源头安全，从而保障消费者舌尖上的安全。

联系人	于丽丽	联系电话	13260188452
传　　真	010-69391226	电子邮箱	343847819@qq.com
通信地址	北京市房山区窦店镇芦村村民委员会西2千米	网　　址	/

第三部分

业务技术依托机构

河北农业大学

河北农业大学是河北省人民政府与教育部、农业农村部、国家林业和草原局分别共建的省属重点骨干大学，国家大众创业万众创新示范基地，全国深化创新创业教育改革示范高校，教育部卓越工程师、卓越农林人才教育培养计划实施高校，河北省"双一流"建设高校。学校创建于1902年，是我国最早实施高等农业教育的院校之一，河北省建立最早的高等院校，百年积淀，学校形成了鲜明的办学特色。坚持"农业教育非实习不能得真谛，非试验不能探精微，实习试验二者不可偏废"的教学原则，秉承"崇德、务实、求是"的校训，开创了享誉全国的"太行山道路"，培育了"艰苦奋斗、甘于奉献、求真务实、爱国为民"的"太行山精神"，多次受到党和国家的肯定与表彰，成为高等教育的一面旗帜。先后培养毕业生40多万名，涌现出了一批批兴业英才、学术骨干、管理才俊，如董玉琛、刘旭、杨志峰、赵春江、郭子建等11名院士，君乐宝集团创始人魏立华，全球青年领袖石嫣等。2016年，习近平总书记对李保国同志先进事迹作出重要批示，称赞他是新时期共产党人的楷模、知识分子的优秀代表、太行山上的新愚公。

全国生态环保优质投入品评价技术机构，是承担名特优新农产品良好农业的技术研究、推广、服务、培训、生产指导、消费引导、试点示范、人才培养等方面技术创新引领工作。

农业农村部全国名特优新农产品良好农业保定技术中心（以下简称技术中心）依托于河北农业大学，充分发挥学校的多学科人才和技术优势，在创新平台、人才培养、服务雄安新区自贸区建设、国际交流合作、良好农业农产品进出口等方面具有显著优势。河北农业大学先后获评全国名特优新农产品良好农业保定技术中心（CAQS-GA-JSZX-001）、全国生态环保优质投入品评价技术机构（CAQS-TRP-011）、全国名特优新农产品全程质量控制技术保定中心（CAQS-GAP-KZZX044）、全国名特优新农产品营养品质评价鉴定机构（CAQS-PJ-0097）等。依托学校作为评价技术机构，为投入品主体提供全产业链全方位全能试点创建与开展技术指导服务与评价现场指导，积极组织标准制定，规范制度管理加强技术创新，因地制宜、因企制宜、因品制宜，按照试点主体创建需求量身定制制定相关标准体系，充分展现试点特色及品级，积极推进投入品生产与应用的生态环保优质化，着力满足绿色优质与特色农产品生产供给需求。同时加强后期的技术指导与监督，保障试点工作的持续良好开展。

2021年国家农产品质量安全中心共批准全国生态环保优质农业投入品首批植保产品和第二批肥料产品生产与应用试点165家、全国农产品全程质量控制技术体系（CAQS-GAP）试点生产经营主体260家，河北农业大学共评价推荐32家企业荣获"生态投"生产与应用试点，22家农产品生产主体获得"全程控"技术体系试点。

自技术中心成立以来，秉承"务实、客观、科学、公正、廉洁"的宗旨，贯彻"面向社会、公正严谨"的指导思想，在农业农村部、国家认监委等有关部门的领导和支持下，致力于全国生态环保优质生产品（肥料、植保用品、绿色优质与特色农产品生产供给）的评价事宜，不断提高自身能力和综合素质，持续扩大业务范围，为我国的植保用品、肥料、优质与特色农产品的绿色生产和质量安全进一步发展奠定基础。

联系人	苑士涛	联系电话	15194768341
传　　真	0312-7521255	电子邮箱	lianghaonongye@hebau.edu.cn
通信地址	河北省保定市莲池区灵雨寺街289号河北农业大学	网　　址	www.hebau.edu.cn

浙江德恒检测科技有限公司

浙江德恒检测科技有限公司（简称德恒检测）专门从事农药产品质量检测、农药产品登记注册试验等基础业务，同时向客户提供标准化服务、生产许可咨询服务以及实验室建设咨询及培训服务。德恒检测于 2010 年获得第一批农业部颁发的 GLP 实验室证书，2012 年首次获得 OECD 成员国比利时认证的 GLP 实验室资质。经过多年发展，目前拥有 CMA、CNAS、农药登记试验单位等资质。发展自身技术能力的同时，加强和同行业的交流，参加国内外能力比对均获得优异的成绩。

德恒检测具备坚实的技术能力，获得中国农药工业协会颁发的优秀 GLP 实验室称号。德恒检测勇于开拓，通过自主研发，拥有多项专利和知识产权，是杭州市余杭区科技创新企业、浙江省科技型中小企业。

德恒检测秉承"厚德诚信 创新共赢"的原则，经过多年发展，公司积累了大量的管理经验、分析经验，同时培养了一批技术精湛的专业人员。德恒已先后为广大国内外客户提供了用于登记的试验报告。出具的五批次分析报告和理化性质报告曾帮助客户在中国、澳大利亚、美国、英国、巴西、阿根廷、巴拉圭、比利时、葡萄牙、韩国、菲律宾、泰国、缅甸等众多国家和地区成功完成了农药产品的登记。

德恒检测凭借多年深耕于新产品、新剂型测试技术的开发以及标准编制积累的丰富经验，已帮助客户编制、审核企业标准 500 余项；新开发并经过验证的方法 100 余项，如信息素类产品、植物源类产品、抗生素类产品等已协帮助客户产品成功在国内外获得登记；辛酰碘苯腈、唑虫酰胺、氟吡酰草胺、氯氨吡啶酸、叶菌唑、丙硫菌唑、咪鲜胺等杂质标准品已累计 500 余个。

除了检测领域，德恒检测将服务延伸至培训、咨询等领域，打破了目前培训咨询行业主要进行偏理论的质量体系培训，而忽略实际管理中的特殊性和各个企业的差异性这一困局。公司经过十来年的发展，并且作为一家专业的第三方科技服务机构，在技术管理和质量体系管理上积累了丰富的实践经验，德恒检测将自身的发展经验结合客户的特点，为客户量身制定符合客户自身实际需求的质量管理体系，使质量体系在企业管理中发挥出应有的作用。

第三部分　业务技术依托机构

联系人	付伟	联系电话	010-65082433
传真	010-84885002	电子邮箱	ccpia1315@163.com
通信地址	浙江省杭州市余杭区兴国路503号6号楼4楼	网址	www.laprode.com

江苏恒生检测有限公司

江苏恒生检测有限公司是一家专业的第三方检测机构。公司创建于 2015 年，是在江苏南方农药研究中心和江苏省农药产品质量监督检测站有限公司的基础上合并更名并扩建而成，迄今已有 30 余年的发展历史。公司坐落于国家级南京经济技术开发区，拥有约 7 500 平方米的专业实验室、标准试验田以及转基因作物种植基地。公司具有核磁共振仪、液相色谱-串联质谱联用仪（LC-MS/MS）、气相色谱-串联质谱联用仪（GC-MS/MS）、超高效液相色谱仪（UPLC）、液相色谱仪（LC）、气相色谱仪（GC）、电感耦合等离子体质谱仪（ICP-MS），原子吸收仪（AAS）等多种大型的先进检测设备。

恒生检测作为一家独立运营的第三方专业检测机构，始终秉承"科学、公正、高效、诚信"的价值理念，公司拥有庞大的科研专家队伍、精益求精的技术、先进的检测设备，具备农药登记试验全领域资质，另外还取得了农药产品实验室认可资质（CNAS）、农药产品检测机构计量认证资质（CMA）、农产品检测机构计量认证资质（CMA）、农产品质量安全检测资质（CATL）和中药材检测机构计量认证资质（CMA），同时也是全国生态环保优质农业投入品评价技术机构。恒生检测致力于在理化性质测定试验、全组分分析试验、产品质量检测试验、储存稳定性试验、残留试验、药效试验、环境影响试验、毒理学试验、风险评估、农药产品质量检测、肥料产品质量检测、农产品检测、农产品质量安全检测、中药材的农药残留检测、标样及杂质制备和分析方法的开发与验证等众多领域为广大客户提供一站式的全方位专业服务。

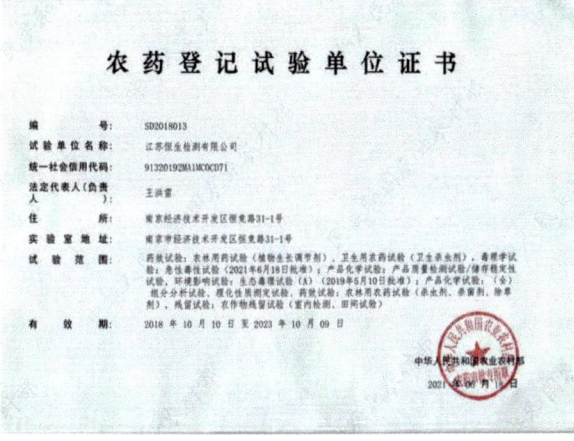

联 系 人	查欣欣	联系电话	15955142926
传真	025-89638028	电子邮箱	zhaxinxin@evertest.cn
通信地址	江苏省南京市经济技术开发区恒竞路31-1号	网址	www.jsevertest.com

中国农药工业协会

中国农药工业协会成立于1982年4月，是经原国家化工部批准最早一批成立的行业协会之一，是在民政部注册的跨地区、跨部门、跨行业具有独立法人资格的全国非营利性社团组织。

协会现拥有会员单位700多家，其中副会长单位23家，常务理事单位77家，理事单位241家，主要包括从事农药原药、制剂、中间体、助剂、包装、设备和施药器械的科研、设计和生产的企事业单位等。会员单位的主营业务收入与产量均占全行业的90%以上。

中国农药工业协会的职责与职能包括：宣传贯彻国家有关法律、法规、条例，协调企业依法经营；向政府有关部门反映行业情况及企业经营中的问题和要求，提出相关政策建议；推进知识产权保护工作，维护会员的合法权益；组织行业信息交流，分析行业经济运行情况，了解行业发展中的热点和问题，向政府和企业提出相应的政策建议和具体措施；组织调查研究，了解、掌握全球农药工业技术发展动向及市场状况，为会员提供技术和信息服务；组织会员之间的技术交流和协作、技术改造协同攻关，推进国际经济技术交流及合作；促进行业自律，规范行业行为，推动诚信经营，协调市场争端，维护公平竞争；组织人才、技术、管理、法规与职业培训；主办专业刊物《世界农药》，建立专业网站（官网 www.ccpia.org.cn、中国农药工业网 www.ccpia.com.cn），发布行业价格指数，开展咨询服务；举办全国性交流会及各类专业交流会、展览会（www.agrochemex.net）；参与制定农药产业政策、发展规划、行业规范和技术标准的研究、制定工作以及建设项目的论证和环境影响评价；承担有关农药检测单位的管理工作；大力推行以安全、健康、环境为中心的"责任关怀"（EHS）准则，树立良好的行业形象；鼓励企业采用"绿色工艺"，减少"三废"排放，保护环境；起草制定行业GMP标准，提高行业整体水平；参与制定"国家职业分类大典修订"工作，组建"国家化工行业特有工种职业技能"鉴定站，化工行业特有工种职业技能鉴定工作；组建"中国农药工业产业园"，促进农药工业集约化生产，有利于环境保护，有利于资源循环利用；设立"振兴中国农药工业"奖学金，奖励农药专业博士、硕士和本科学生。

协会重点工作包括：落实政府宏观调控政策，加大产业结构调整力度；加强经济运行监测和热点问题研究，积极反映行业诉求；促进行业科技进步和技术创新，提高行业核心竞争；担当实施行业自律职责，引导推动行业企业履行社会责任；大力开展大宗产品协作组工作，保持大宗产品持续发展；制定和修订团体标准，以标准规范行业有序发展；切实履行服务宗旨，搭建信息交流平台；加强对外交流与合作，不断扩大协会的国际影响；加强协会自身建设，增强服务能力和水平等方面。

中国农药工业协会成立40年以来，秉承为政府、为行业、为会员服务的宗旨，发挥政府与企业、企业与企业之间的桥梁和纽带作用，着力于行业、企业与政府间的沟通协调，加快国际合作步伐，促进农药行业持续、健康、和谐发展。

联系人	付伟	联系电话	13671251199
传　　真	010-84885002	电子邮箱	ccpia1315@163.com
通信地址	北京市朝阳区农展馆南里12号	网　　址	www.ccpia.org.cn

山东省农业科学院农业质量标准与检测技术研究所

山东省农业科学院农业质量标准与检测技术研究所（简称山东质标所）成立于1980年，主要从事农产品、产地环境及农业投入品检测技术、质量安全风险评估和农业标准化研究。现有农业农村部食品质量监督检验测试中心（济南）、农业农村部农产品质量安全风险评估实验室（济南）、农业农村部农药登记残留试验单位、山东省食品质量与安全检测技术重点实验室等11个科研、检测平台。相继被授权为绿色食品、无公害农产品、有机农产品和地理标志产品定点检测机构，具有农业农村部农药登记残留试验资质。

山东质标所先后主持承担国家、部省级科研项目130余项，包括国家自然科学基金、国家科技支撑计划子课题、农业部"948"计划项目、公益性行业（农业）科研专项子课题、山东省自主创新与成果转化专项、山东省农业科学院创新工程专项等。获得省部级科技成果奖励12项；累计发表学术论文93篇，其中SCI收录30篇；获得授权发明专利29项；获得软件著作权99项；制修订各类标准80余项，其中国家和农业行业标准30项。

山东质标所连续承担国家农产品质量安全监测、国家农产品质量安全风险评估和应急监测、优质农产品申报检验和监督抽查以及农药残留登记试验与限量标准制定等任务；牵头组织山东省农畜产品质量安全监测、能力验证和技术培训等工作，为政府科学监管、应急处置、引导消费提供强有力的技术支撑。

联系人	董崭，官帅	联系电话	15054161018
传　真	/	电子邮箱	nongyaocanliu9006@163.com
通信地址	山东省济南市历城区工业北路202号	网　址	zbs.qlsn.cn：8000/n

绿城农科检测技术有限公司

绿城农科检测技术有限公司（蓝城检测集团杭州总部实验室）成立于 2014 年 1 月 21 日，位于杭州市滨江区天和高科技产业园，注册资金 5 000 万元，由绿城集团和浙江省农业科学院分别以资金和技术入股。公司积极响应国家发展混合所有制检验检测认证机构的号召，集中优势力量将科研成果产业化。公司先后获得检验检测机构资质认定证书（CMA）、农产品质量安全检测机构考核合格证书（CATL）、国家实验室认可证书（CNAS），以及中国绿色食品及产地认证检测定点资质、农业农村部农产品地理标志定点检测资质。

公司系国家高新技术企业、全国农产品质量安全与营养健康科普试验站、全国名特优新农产品营养品质评价鉴定试验站、农业农村部耕地质量标准化验室、浙江省中小企业公共服务示范平台、浙江省 AAA 级"守合同重信用"企业、浙江省科技型中小企业、浙江省信用管理示范企业、杭州市滨江区政府质量奖等，依托陈剑平院士、康振生院士建有浙江省院士工作站和杭州市院士专家工作站。

公司建立了有效运行的质量体系，拥有专业对口、经验丰富的检测技术人员和技术管理人员，拥有气相色谱-串联质谱、液相色谱-串联质谱、电感耦合等离子体质谱等各类仪器设备，目前已具备食品、农产品、特殊膳食食品、食品添加剂等检测能力。作为第三方综合质检机构，公司坚持"科学、公正、专业、高效"的质量方针，急客户所急，想客户所想，提供从检测咨询、现场抽样、合同评审、准确检测、出具报告乃至结果的应用咨询等一条龙服务。

公司将秉承蓝城集团"仁慈普爱、真善至美"的价值观，加快推进浙江省农业科学院的创新驱动发展战略，致力于食品和农产品等质量检验检测技术和检测服务水平的提升，立足浙江、辐射全国，以"护航健康消费，服务品质生活"为发展愿景，努力打造成为国内一流的第三方农产品、食品和产地环境检测行业最具竞争力的企业，为社会各界提供高效、准确、优质的检测服务。

福建省农业科学院农业质量标准与检测技术研究所

福建省农业科学院农业质量标准与检测技术研究所（简称福建质标所）成立于1983年（原名福建省农业科学院中心实验室），是福建省内唯一的专门从事农产品质量安全创新研究与检测技术服务的省级公益类科研机构。福建质标所围绕农产品质量安全学科发展和农业产业发展技术需求，开展农产品质量安全风险评估、农产品安全生产与质量控制、农产品营养功能评价和品质调控、农业标准研究与制修订、产地环境监测与评价、水产健康养殖和饲料质量安全、农产品全程质量控制技术、检测技术与方法等农业重大科技研究工作。

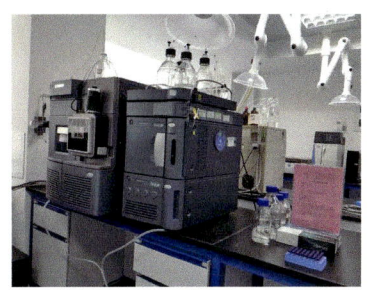

福建质标所是农业农村部农产品质量安全风险评估实验室（福州）、福建省农产品质量安全重点实验室、全国生态环保优质农业投入品评价技术机构、全国名特优新农产品营养评价鉴定机构等11个省部级平台的依托单位。承担国家农产品质量安全风险评估、福建省农产品质量安全风险监测、全国名特优新农产品营养品质评价鉴定、农产品质量安全检验检测技术培训等工作，为政府科学监管、应急处置、引导消费提供强大的技术支撑；为省内外高校和科研院所以及农业企业、农民专业合作社、家庭农场、农户等提供优质的科技服务。

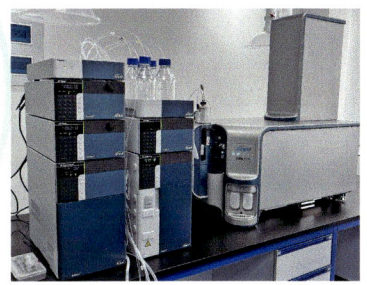

近年来，福建质标所承担了国家级、省（部）级科研项目100多项；获福建省科技进步二等奖2项、福建省标准贡献二等奖1项、厦门市科技进步三等奖1项、福建省农业科学院科学技术奖特等奖1项；参与制定国际标准1项，制定国家和地方标准15项；获授权国家专利72项，其中发明专利19项、实用新型42项，外观设计11项；获授权软件著作权33项；"十三五"以来，共发表论文177篇，其中SCI和EI收录16篇，一级学报28篇；出版著作5本。

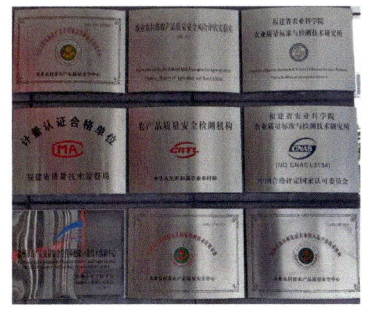

联系人	傅建炜，黄彪	联系电话	13609589256
传真	/	电子邮箱	/
通信地址	福建省福州市鼓楼区五四路247号	网址	www.faas.cn/cms/html/nyzlbzyjcjsyjs/index.html